Jigesh Mehta
Tejal Patel
Kaushik Nath

Várias técnicas de aumento do fluxo em processos de separação por membrana

Jigesh Mehta
Tejal Patel
Kaushik Nath

Várias técnicas de aumento do fluxo em processos de separação por membrana

Processos de separação por pressão

ScienciaScripts

Imprint

Any brand names and product names mentioned in this book are subject to trademark, brand or patent protection and are trademarks or registered trademarks of their respective holders. The use of brand names, product names, common names, trade names, product descriptions etc. even without a particular marking in this work is in no way to be construed to mean that such names may be regarded as unrestricted in respect of trademark and brand protection legislation and could thus be used by anyone.

Cover image: www.ingimage.com

This book is a translation from the original published under ISBN 978-620-2-06627-3.

Publisher:
Sciencia Scripts
is a trademark of
Dodo Books Indian Ocean Ltd. and OmniScriptum S.R.L publishing group

120 High Road, East Finchley, London, N2 9ED, United Kingdom
Str. Armeneasca 28/1, office 1, Chisinau MD-2012, Republic of Moldova, Europe
Printed at: see last page
ISBN: 978-620-7-90777-9

ÍNDICE DE CONTEÚDOS

ACKNOWLEDGEMENT

The project work has been one of the most significant academic challenges I have ever had to face. At this point, I take the opportunity to thank each and every person, who helps me directly or indirectly during my dissertation work. I sincerely thank *"G H Patel College of Engineering and Technology" for* providing me this opportunity. I would like to acknowledge thanks to our Head of Department, **Dr. Kaushik Nath** and My Guide **Dr. Tejal M Patel** for giving me prospect & Co operation. They both has provided me support of a kind that inspired confidence in me to fulfill this target and it will also help me to develop and contribute ourselves in the field of Chemical Engineering in the future.

As a mentor, **Dr. Tejal M Patel** has always encouraged me to realize my potential and to follow and accomplish targets that would be difficult to achieve single-handedly. She indeed taught me the quality of being devoted to my work by being a role model for me.

I would like to acknowledge all other **teaching & non-teaching staff** member' of Chemical Engineering Department, GCET.

My acknowledgement remains incomplete without thanking the other **M.E Students** who provided me all types of support in my research work.

Finally but certainly not least important, I am infinitely grateful to my **family and friends** for giving me moral support at each moment during my project work.

Date: 29/04/2017
Place: V. Y. NAGAR

Mehta Jigesh Pankaj (150110730001)

2

RESUMO

As separações por membranas são uma das mais recentes técnicas amplamente utilizadas nas indústrias nos últimos anos. A sua eficiência, a baixa necessidade de energia e a possibilidade de processos híbridos tornam-na melhor do que os processos convencionais. Um grande número de estudos tem sido dedicado ao melhoramento do fluxo da NF, como a lavagem hidráulica, a pulverização de ar, a limpeza da membrana, os promotores turbulentos, a irradiação ultra-sónica e a seleção e modificação da membrana. Este estudo limita-se ao método de aumento do fluxo através de lavagem hidráulica, pulverização de ar, limpeza da membrana, irradiação ultra-sónica, inversão do fluxo, promotores de turbulência / formação de vórtices / tensão de cisalhamento e modificação da membrana. Vários artigos de investigação estão a ser revistos aqui para digerir os recentes avanços nas técnicas especificadas e foi dada ênfase ao estudo detalhado para mitigar os fenómenos de incrustação nos processos de separação de membranas. A redução do fluxo de permeado com o passar do tempo é a principal desvantagem dos processos de membrana accionados por pressão. A polarização da concentração e a incrustação da membrana são as duas principais limitações dos processos de filtração por membrana accionados por pressão. Estes factores conduzem a um declínio acentuado do fluxo e têm de ser controlados para uma melhor eficiência do processo. O desempenho do processo de separação por membrana, em termos de fluxo e rejeição da membrana, é diretamente influenciado pelas resistências envolvidas durante a filtração. A determinação da resistência fornece a base para a seleção da membrana e do processo de separação por pressão adequado. O presente trabalho inclui o estudo da determinação de várias resistências, como a resistência da membrana, o bloqueio de adsorção, o bloqueio de poros e a polarização da concentração ou a resistência à formação de camadas de bolo em função do tempo e com diferentes pressões transmembranares (TMP) para uma solução de corante amarelo 160 reativo e sulfato de cádmio (metal pesado) como alimentação com a membrana HFT 150 numa instalação piloto de nanofiltração de folha plana. As experiências foram efectuadas a diferentes pressões transmembranares, concentrações e tempos em condições de alimentação direta e de inversão do fluxo. Observa-se que a resistência da membrana permanece constante em função do tempo e da pressão, enquanto a resistência à adsorção e a resistência da camada de torta de alimentação aumentam gradualmente. A resistência de bloqueio dos poros e a resistência da camada de bolo de inversão do fluxo cruzado também diminuem com o tempo e em diferentes TMP. A tese conclui a descrição de várias técnicas de melhoria do fluxo, juntamente com a aplicação de duas técnicas de melhoria do fluxo, nomeadamente a inversão do fluxo e a pulsação da pressão, e o seu impacto nos processos de separação por membrana, com uma descrição pormenorizada da aplicação industrial e comercial. Com isto, o trabalho experimental relativo ao cálculo da resistência, ao aumento do fluxo, à % de rejeição em diferentes soluções de concentração com ambas as aplicações de técnicas e comparação foi aqui mostrado para concluir o trabalho de investigação.

CAPÍTULO 1

INTRODUÇÃO

1.1 Antecedentes

As separações por membranas são uma das mais recentes técnicas amplamente utilizadas nas indústrias nos últimos anos. A sua eficiência, a baixa necessidade de energia e a possibilidade de processos híbridos tornam-na melhor do que os processos convencionais. Os principais problemas nos processos de membrana são o declínio do fluxo, a incrustação e a polarização da concentração devido à deposição de sólidos na superfície da membrana. Os processos com membranas são amplamente utilizados para a redução de sais no tratamento de águas residuais. A remoção das impurezas e de vários sais das águas residuais permite que a água seja reutilizada. Parece ser um processo económico. Enormes volumes de águas residuais são diretamente bombeados para os rios, ribeiros e oceanos. Estes têm um impacto e danos graves no ambiente marinho e nas pescas. Desperdiça-se muita água numa situação em que a preservação da água é muito importante. A água é um recurso valioso e precisa de ser conservada. As instalações básicas de tratamento de águas residuais reduzem os sólidos orgânicos e em suspensão para limitar a poluição do ambiente. O avanço das necessidades e da tecnologia tornou necessário o desenvolvimento de processos de tratamento que removem a matéria dissolvida e as substâncias tóxicas. As membranas, como barreira selectiva, podem atingir o objetivo de separação e purificação. Os processos de membranas accionadas por pressão (PDMP) utilizam a diferença de pressão como força motriz e dividem-se em microfiltração (MF), ultrafiltração (UF), nanofiltração (NF) e osmose inversa (RO), com uma dimensão decrescente dos poros da membrana. Em comparação com as técnicas de separação convencionais (por exemplo, centrifugação, destilação, extração e cristalização), a filtração por membranas tem muitas vantagens: fácil operação, elevada eficiência de separação, baixo consumo de energia, fácil escalonamento e integração com outros processos de separação/reação, pelo que já foi amplamente aplicada em muitos domínios (por exemplo, tratamento e reutilização de águas residuais, purificação da água, dessalinização da água do mar, processamento de alimentos e bio-separação). Embora o número de aplicações de PDMPs aumente constantemente, esta tecnologia ainda sofre de alguns inconvenientes, como a CP e a incrustação da membrana. Devido à CP e à incrustação da membrana, o fluxo de permeado diminui durante a filtração, o que não só reduz a eficiência da produção, mas também aumenta o consumo de energia, pelo que o declínio do fluxo limita grandemente a aplicação e o desenvolvimento das PDMP. Teoricamente, os solutos e os solventes são transportados para a superfície da membrana por transporte convectivo, enquanto os solventes passam facilmente através da membrana e os solutos retidos aumentam a concentração local, resultando na formação de uma camada de bolo/gel/escama ao longo da membrana e até no bloqueio dos poros. Dependendo dos solutos, os PDMPs apresentam diferentes tipos de incrustação na membrana, incluindo a incrustação biológica, orgânica e inorgânica. Além disso, de acordo com o grau de incrustação, a incrustação da membrana pode ser reversível, irreversível, residual e irrecuperável. Todos estes tipos de incrustações podem aumentar a resistência à filtração e induzir o declínio do fluxo

1.2 Membranas e processos de separação por membranas

A palavra membrana tem origem na palavra latina "membrana", que significa pele. A membrana pode ser definida essencialmente como uma barreira que separa duas fases e restringe o transporte de vários produtos químicos de uma forma selectiva. Por outras palavras, uma membrana é definida como uma estrutura com dimensões laterais muito superiores à sua espessura, através da qual a transferência de massa pode ocorrer sob uma variedade de forças motrizes, a membrana pode ser uma barreira selectiva ou de contacto. No primeiro caso, controla as trocas entre as duas regiões que lhe são adjacentes de uma forma muito específica, enquanto que no segundo caso, a sua função é principalmente entrar em contacto com as duas regiões entre as quais ocorre o transporte. A separação é uma parte indispensável da operação a jusante em indústrias químicas, petroquímicas, bioquímicas, alimentares e várias outras indústrias de processo associadas. É necessária para atingir os objectivos de enriquecimento, concentração, purificação, refinação e isolamento de qualquer mistura de produtos desejada. Em geral, o processo de separação de misturas fluidas pode ser dividido em duas categorias: os processos de separação de equilíbrio, como a evaporação, a destilação, a extração, a adsorção e a absorção, utilizados em grande escala na indústria, baseiam-se na distribuição de equilíbrio. Por outro lado, se a separação se basear na diferença da taxa de transporte através de um meio sob a influência de uma força motriz resultante de um gradiente de pressão, concentração, temperatura ou campo elétrico, é designada por separação regulada pela taxa. As membranas foram inicialmente utilizadas para a dessalinização de água salobra, mas são atualmente competitivas em relação às técnicas convencionais, uma vez que funcionam sem adição de produtos químicos, com um consumo de energia relativamente baixo e com uma conceção modular compacta. Os processos com membranas constituem uma técnica de separação altamente flexível para a separação/concentração selectiva de solutos e para a reciclagem e reutilização de permeados. As características especiais dos processos de membrana que os tornam atractivos para a aplicação industrial são o seu desempenho, o caso do fabrico e a conceção modular.

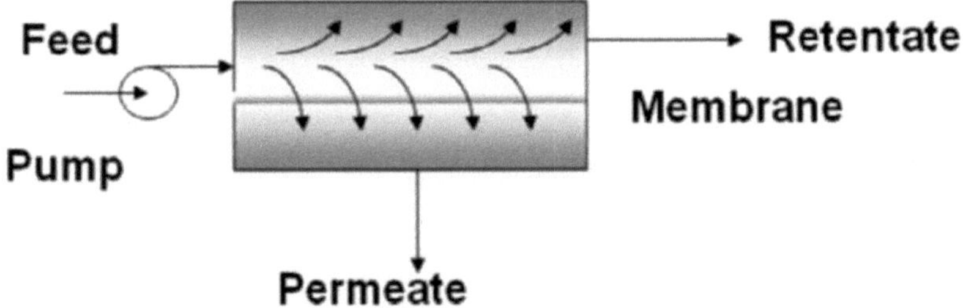

Fig 1.1: Diagrama esquemático de uma unidade de separação por membranas

1.3 Vantagens dos processos de separação por membranas

As vantagens dos processos de separação por membrana em relação aos processos convencionais são:

1) Poupanças de energia apreciáveis:

Uma vantagem da tecnologia de membranas em relação aos processos convencionais é o facto de permitir a concentração e a separação sem a utilização de calor.

2) Tecnologia limpa com facilidade operacional:

Não é necessário qualquer equipamento complicado de transferência de calor ou de geração de calor nas operações com membranas. Estes processos podem ser operados à temperatura ambiente. Uma outra vantagem em relação aos evaporadores é o facto de não ser necessário um condensador, evitando assim problemas relacionados, como a poluição térmica e os problemas de águas residuais.

3) Substitui os processos convencionais:

As tecnologias existentes de separação por equilíbrio não baseadas em membranas (por exemplo, adsorção, absorção, destilação, extração, decapagem) podem apresentar deficiências significativas: dificuldades operacionais inerentes (emulsificação, formação de espuma, arrastamento, infiltração, etc.), falta de flexibilidade (inundação, carregamento e necessidade de diferença de densidade, etc.), taxa mais lenta, falta de modularidade e necessidade de grande espaço são ultrapassadas pelos processos de membrana.

4) Recuperação de produtos de elevado valor:

Com o desenvolvimento da tecnologia, surgem cada vez mais situações em que substâncias de elevado valor unitário são formadas em concentrações muito baixas. Nos processos de separação convencionais, a eficiência da separação diminui rapidamente à medida que a concentração do componente desejado diminui. As técnicas de separação por membranas, pelo contrário, podem dar uma melhor resposta a estes problemas.

5) Desenvolvimento de processos híbridos:

Os processos de separação por membranas podem ser combinados com vários métodos convencionais, como a destilação, para desenvolver processos híbridos. Um processo híbrido é bem sucedido se o seu custo e desempenho globais forem melhores do que as alternativas individuais.

1.4 Desvantagens dos processos de separação por membranas

As desvantagens dos processos de separação por membranas são:

1) Incrustação de membranas:

A incrustação das membranas é um problema grave nos processos de separação por membranas. A alimentação contaminada aumenta a taxa de incrustação da membrana.

2) Limites sólidos superiores:

De facto, os processos de membrana são bastante limitados nos seus limites superiores de sólidos. Na OR, a pressão osmótica dos solutos concentrados limita o processo. Na UF e na MF, as baixas taxas de transferência de massa e a elevada viscosidade dificultam a bombagem do retentado.

1.5 Objectivos

• Quantificação das diferentes resistências durante o processo NF.

• Verificar a adequação de várias técnicas de melhoria do fluxo para a mitigação de incrustações, principalmente a inversão do fluxo e a pulsação da pressão.

• Realizar uma experiência de filtração NF com e sem pulsação de pressão e inversão de fluxo e comparar o desempenho de ambas as técnicas.

• Caracterização da superfície da membrana antes e depois das técnicas de melhoria do fluxo.

• Estudar os efeitos de vários parâmetros no fluxo de permeado, como a concentração da alimentação, a pressão, o caudal de alimentação, etc.

CAPÍTULO 2

PESQUISA BIBLIOGRÁFICA

2.1 Princípio da nanofiltração

A nanofiltração (NF) utiliza um gradiente de pressão para transportar seletivamente solventes e determinados solutos através de uma membrana. A nanofiltração cobre o intervalo de tamanho de partículas entre a osmose inversa e a ultrafiltração. É também designada por ultra osmose. Uma membrana de nanofiltração pode ser considerada como uma membrana de UF muito apertada ou uma membrana de RO muito solta. O tamanho dos solutos excluídos neste processo é da ordem de 1 nanómetro. O processo de filtração tem lugar numa camada de separação selectiva formada por uma membrana orgânica semipermeável. A força motriz do processo de separação é a diferença de pressão entre o lado da alimentação e o lado do filtrado na camada de separação da membrana. No entanto, devido à sua seletividade, um ou vários componentes de uma mistura dissolvida são retidos pela membrana apesar da força motriz, enquanto a água e as substâncias com um peso molecular < 200 Da são capazes de permear a camada de separação semipermeável. A fig. 2.1 apresenta um diagrama básico da unidade de nanofiltração.

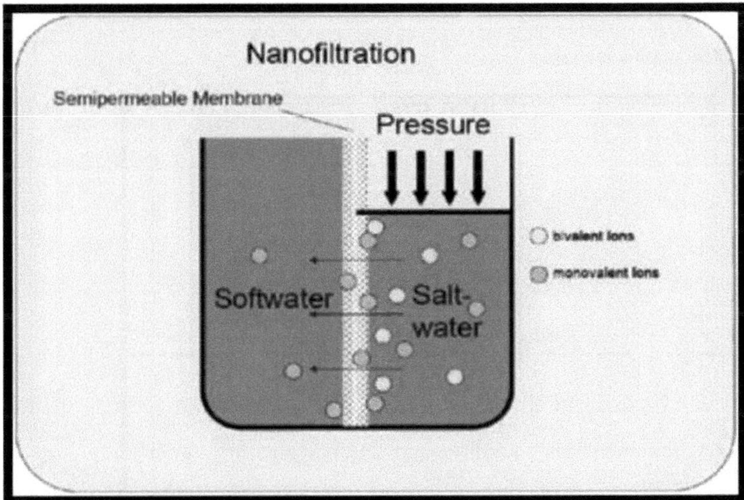

Fig. 2.1 : Diagrama esquemático da nanofiltração

A nanofiltração (NF) é uma das técnicas mais eficientes para a melhoria da qualidade da água.

A nanofiltração é um processo de separação por membrana acionado por pressão. A membrana de NF tem uma

9

tamanho de poro de cerca de 0,5-2,0 nm com um corte nominal de peso molecular (MWCO) de 300 a 500 g/mole. O MWCO é definido como o peso molecular do soluto que é rejeitado em 90% pela membrana. A NF oferece as vantagens de uma maior retenção do que a ultrafiltração (UF) e de uma menor necessidade de pressão do que a osmose inversa (RO). Por conseguinte, a aplicação da NF tem crescido rapidamente para se tornar uma importante técnica de separação e purificação em aplicações aquosas.

2.2 Membrana de nanofiltração

As membranas utilizadas no tratamento de água são compostas por um material permeável ou semi-permeável, como os derivados de acetato de celulose, polissulfonas e derivados de polivinilo. A água passa através do material da membrana sob uma pressão aplicada, enquanto uma fração de contaminantes é rejeitada ou deixada para trás. A capacidade de rejeição de uma membrana depende do tamanho dos poros ou dos poros moleculares através dos quais a água passa, entre outros factores. A Fig. 2.2 apresenta processos de membranas seleccionados e as suas gamas de tamanhos de poros. Como se pode ver, as membranas porosas incluem a microfiltração (MF) e a ultrafiltração (UF), com diâmetros de poro na gama de 0,05 a 5 microns. A remoção de partículas por estes processos é controlada por exclusão de tamanho e é uma função direta do diâmetro dos poros da membrana. Estes sistemas funcionam normalmente a baixa pressão aplicada (1 - 50 psi). As membranas de osmose inversa (OR) têm a película de membrana mais densa e considera-se que não têm espaços porosos definíveis. O solvente e o soluto entram

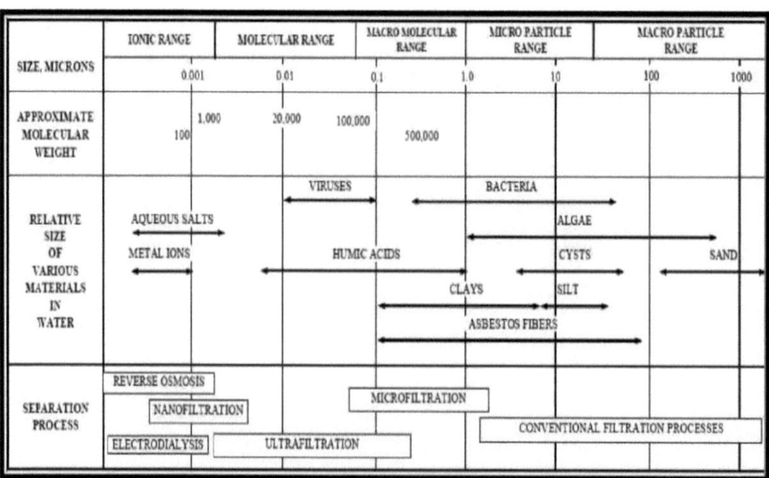

Fig. 2.2: Processos de separação por membranas e gamas de tamanho de vários materiais na água bruta

A passagem ocorre através de poros "moleculares", sendo a passagem do solvente controlada por convecção e a passagem do soluto controlada por difusão. As membranas de OR são capazes de rejeitar espécies iónicas da água de alimentação, como o sódio e o cloreto. São necessárias pressões aplicadas elevadas (> 300 psi). Este tipo de membrana é tipicamente referido como "controlado por difusão", uma vez que a passagem do soluto depende do movimento browniano e de um gradiente de concentração através da película da membrana. As membranas de nanofiltração são mais semelhantes às membranas de OR na medida em que as espécies iónicas podem ser rejeitadas. No entanto, os sistemas NF funcionam a pressões mais baixas (50 - 150 psi) e têm maior passagem de soluto através da película da membrana. O transporte convectivo parcial de soluto pode ocorrer através de imperfeições na película da membrana. No entanto, as membranas NF podem rejeitar grandes percentagens de matéria orgânica, como é desejável para águas superficiais e águas subterrâneas doces. A rejeição do soluto é uma função das restrições físicas da dimensão dos poros moleculares, bem como das limitações termodinâmicas, das interacções electrostáticas e da força de dispersão.

2.3 Mecanismo de transporte em membranas de nanofiltração

O mecanismo de transporte e as características de rejeição da membrana NF são bastante complexos. Foram desenvolvidos muitos modelos para identificar o efeito de diferentes parâmetros no mecanismo de transporte e para prever o desempenho da membrana NF. As duas principais teorias são a teoria do "fluxo superficial-capilar de sorção" de Sourirajan e a teoria da "solução-difusão". A teoria do "*fluxo capilar de superfície de* sorção" de Sourirajan descreve a sorção preferencial de moléculas de água na membrana e a dessorção de iões multivalentes, causando a exclusão de solutos carregados, mesmo mais pequenos do que os poros da membrana, de se moverem para as membranas (exclusão de Donnan). A densidade de carga efectiva, os raios dos poros e a força iónica determinam a rejeição dos iões monovalentes. Mas, de um modo geral, para as membranas NF, a rejeição de iões monovalentes varia entre 0 e 50%. A teoria da "*difusão da solução*" descreve a membrana como uma película porosa na qual a água e o soluto (ião) se dissolvem. O soluto move-se para dentro da membrana principalmente sob forças de gradiente de concentração, enquanto o transporte de água depende do gradiente de pressão hidráulica. O transporte do soluto através da membrana depende da difusão dificultada e da convecção. O transporte de um soluto não carregado através de uma membrana NF é considerado como sendo determinado por um mecanismo de exclusão estérica. A exclusão estérica aplica-se às membranas NF, bem como às membranas de ultrafiltração e de microfiltração. A separação entre dois solutos não carregados diferentes é determinada predominantemente pela diferença nos seus tamanhos e formas.

2.4 Limitações do processo

Embora o número de aplicações de nanofiltração esteja a aumentar constantemente, esta tecnologia ainda sofre de alguns inconvenientes, tais como a polarização da concentração (CP) e a incrustação da membrana. Devido à PC e à incrustação da membrana, o fluxo de permeado diminui durante a filtração, o que não só reduz a eficiência da produção, mas também aumenta o consumo de energia e, por conseguinte, o declínio do fluxo limita grandemente a aplicação e o desenvolvimento da membrana de nanofiltração. Teoricamente, os solutos e os solventes são transportados para a superfície da membrana por transporte convectivo, enquanto os solventes passam facilmente através da membrana, e os solutos retidos aumentam a concentração local, resultando na formação de uma camada de bolo/gel/escama ao longo da membrana e até no bloqueio dos poros. A NF tem diferentes tipos de incrustações na membrana, dependendo dos solutos, incluindo incrustações biológicas, orgânicas e inorgânicas. Além disso, de acordo com o grau de incrustação, a incrustação da membrana pode ser reversível, irreversível, residual e irrecuperável. Todos estes tipos de incrustações podem aumentar a resistência à filtração e induzir o declínio do fluxo. O primeiro passo para o controlo do declínio do fluxo é compreender os mecanismos de formação de incrustações. Os factores que influenciam o declínio do fluxo são bastante complexos, porque os mecanismos de incrustação variam muito com as condições hidrodinâmicas. Estas variações também dependem da membrana, da composição da alimentação e dos parâmetros de funcionamento. As propriedades da membrana e dos solutos afectam a sua capacidade de afinidade e os parâmetros de funcionamento podem influenciar o grau de afinidade. Na última década, muitos investigadores escreveram revisões abrangentes sobre o progresso da investigação do declínio do fluxo, cobrindo todos os aspectos, tais como as características de vários modelos de polarização de concentração, componentes de incrustação, materiais de membrana e tipos de resistências à incrustação. Aqui, concentramo-nos em duas causas principais do declínio do fluxo na Nanofiltração: Polarização da concentração e incrustação da membrana

2.4.1 Polarização da concentração:

Num processo de separação por membranas, os solutos ou partículas rejeitados pela membrana acumulam-se na camada limite adjacente à superfície da membrana. O mecanismo pode ser descrito pela teoria da película: devido à convecção impulsionada pela pressão, as moléculas de soluto e de solvente são transportadas para a superfície da membrana, depois o solvente pode atravessar a membrana enquanto as moléculas grandes são total ou parcialmente retidas, resultando numa concentração de soluto mais elevada na superfície da membrana do que no volume. Ao mesmo tempo, os solutos rejeitados difundem-se de volta para a massa devido ao gradiente de concentração.

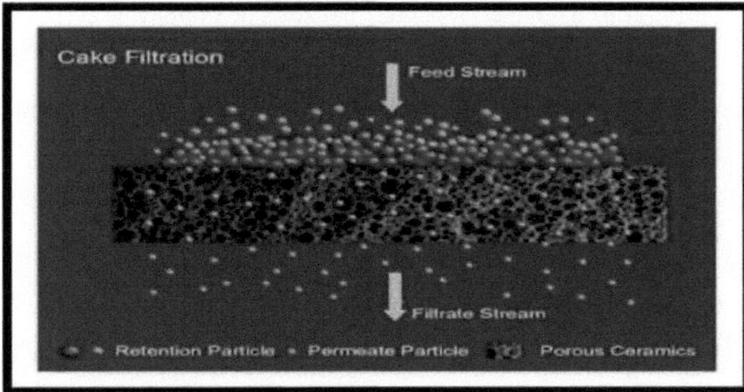

Fig. 2.3 : Polarização da concentração

Como se mostra na fig. 2.3, quando a convecção do soluto para a superfície da membrana é equilibrada pela difusão do soluto de volta para a solução a granel, forma-se uma camada limite em estado estacionário. Este fenómeno inerente aos processos de membrana é designado por polarização *da concentração*. Quanto maior a polarização da concentração, maior a concentração de permeado. Portanto, a formação da polarização de concentração aumenta o risco de incrustação da membrana, reduz o fluxo de permeado e deteriora a qualidade do permeado. De acordo com estudos anteriores, muitos modelos têm sido utilizados para explicar como a polarização de concentração afecta o declínio do fluxo.

2.5 Técnicas de aumento do fluxo

2.5.1 Lavagem hidráulica:

Os processos de lavagem hidráulica incluem a lavagem para a frente, a retrolavagem e a retropulsão, que têm a capacidade de eliminar as impurezas densas fixadas na superfície da membrana durante o processo de filtração. (Zhang et al., 2015) estudaram e analisaram os vários factores de influência que desempenham um papel importante na lavagem da superfície da membrana e na remoção das impurezas internas e externas, bem como na redução da taxa de aumento do fluxo através da lavagem direta com água limpa. (Wang et al., 2010) também referiram os parâmetros que influenciam a diminuição da percentagem de água que contribui para o processo de filtração da membrana: caudal de lavagem > temperatura do detergente > tempo de lavagem > velocidade de agitação > volume do detergente. Também foi revisto que a frequência de retrolavagem, a duração e o fluxo de permeado afectam a minimização da incrustação. (Porcelli e Judd, 2010) compararam a retrolavagem com produtos químicos (CEB) e a limpeza no local (CIP). Introduziram um reagente químico, Lumen, com baixa taxa de concentração no lado do permeado para evitar a acumulação de incrustações no caso da CEB, enquanto a CIP é aplicada para melhorar o fluxo a curto prazo. São adicionados vários reagentes durante a retrolavagem, como vários oxidantes, incluindo peróxido de hidrogénio (H2O2), hipoclorito de sódio (NAOCL), ácidos como o clorídrico (HCL) e o sulfúrico (H2SO4), ácido cítrico, ácido fosfórico (H3PO4), solução de soda cáustica, etc., para melhorar vários parâmetros e satisfazer as diferentes condições. (Paul Chen et al., 2003) referiram, através de uma investigação sobre a lavagem hidráulica, que a retrolavagem foi considerada eficaz para aliviar o fluxo de permeado em comparação com a lavagem para a frente. Todos eles experimentaram e concluíram que a duração da retrolavagem, a pressão de descarga para a frente e os intervalos durante a lavagem desempenham um papel eminente e, através de um gráfico de resposta de superfície, foi também optimizado que a operação a uma pressão de 1,72 x 105 Pa e para 1 min de retrolavagem seguida de 1 min de descarga para a frente utilizando permeado após cada 30 min de intervalo, os resultados são considerados mais significativos e promissores em comparação com a mesma operação mas a uma pressão de 1,24 x 106 Pa para 5 min de retrolavagem e 5 min de descarga para a frente durante 3 horas. (Ostadfar e Rawicz, 2015) apresentaram uma visão geral dos antecedentes teóricos da retrolavagem e da sua utilização na determinação do fluxo de permeado no caso da separação de células sanguíneas. Descreveram o mesmo fator concetual do intervalo de tempo durante a retrolavagem, a velocidade do fluxo cruzado e o gradiente de pressão como critérios importantes. Os investigadores também propuseram que, juntamente com a retrolavagem, a energia interna do sangue (pulsação da pressão sanguínea) também fornece pressão ao meio externo (bomba de diafragma) para empurrar a retrolavagem na operação. (Sondhi et al., 2000) realizaram experiências com águas residuais de galvanoplastia simuladas (suspensão de Cr(OH)3) utilizando membranas de alumina MF e demonstraram os resultados com a ajuda de um modelo que descreve um aumento de cinco vezes na taxa de fluxo e uma redução consecutiva da taxa de incrustação através da aplicação eficaz da retro-lavagem. O TMP e a velocidade do fluxo cruzado são parâmetros efectivos que aumentam o fluxo de permeado na presença e na ausência de backpulsing. Eles também observaram os efeitos da amplitude do backpulse no sistema que a pressão de amplitude menor que 175 KPa (25 psi) cria uma pressão muito baixa para iniciar o backpulsing e, portanto, que deve ser maior para melhorar o fluxo de permeado. (Jaffrin, 2012) discutiu a aplicação da técnica de retrolavagem para despectinizar suco de maçã cru por membrana tubular cerâmica em MF. Durante esta operação, o TMP foi ajustado para 3 bar enquanto o permeado foi pressurizado para 6,5 bar usando nitrogénio comprimido para cada intervalo de 5 min. Após 1 hora de operação a uma velocidade de 2,77 ms-1 , a taxa de fluxo foi de 85 litros h-1 m-2 e, quando mantida por 5 minutos de retrolavagem, aumentou o fluxo de permeado para 200 litros h-1 m-2 durante as 2 horas iniciais seguintes. Da mesma forma, manteve-se um intervalo de 10 minutos para a operação seguinte e a taxa de fluxo começou a diminuir para 170 litros h-1 m-2. Obteve também resultados impressionantes no que diz respeito à retro-pulsação em fluxo laminar e considerou esta técnica eficaz para módulos de membranas orgânicas mais pequenos, uma vez que ajuda a criar vibração, o que é muito importante para o aumento do fluxo. À escala laboratorial, a retro-pulsação do leite com membranas cerâmicas de tamanho de poro de 0,1 e 0,4 μm em MF foi investigada por (Larsson, 2011). A taxa de circulação mais baixa é mais preferível com backpulsing para obter melhores resultados em comparação com a taxa de circulação mais alta sem backpulsing. O autor chegou a uma conclusão mista relativamente ao efeito do retrocesso na retenção de proteínas através da qualidade do leite. A membrana com um tamanho de poro de 1,4 μm foi investigada como sendo ineficaz no caso da retenção de proteínas, enquanto a membrana com um tamanho de poro de 0,1 μm tem resultados eficazes mas não satisfatórios. (Silalahi e Leiknes, 2011) investigaram experimentalmente a influência da retro-pulsação de alta frequência no controlo da taxa de incrustação para o tratamento de água produzida. Estudaram várias propriedades da água produzida, como a concentração de óleo, os tipos de óleo, o tipo de partículas e a taxa de fluxo durante a retro-pulsação em membranas α-Al2O3 MF (tamanhos de poros testados; 0,1, 0,2 e 0,5μm). O estudo revela que, a uma concentração elevada de óleo e com a presença de partículas de 0,1 μm, a membrana teve um melhor desempenho, em contraste com uma concentração mais elevada de óleo, mas com a presença de partículas de tamanho de poro de 0,2 μm. Especifica que a membrana com tamanho de poro de 0,1 μm foi conveniente para reduzir as taxas de incrustação interna devido à presença de partículas coloidais na água. O efeito das características da água de alimentação foi considerado menos eficaz e a qualidade do permeado foi também melhorada quando se utilizou a técnica de retro-pulsação. Além disso, a aplicação da técnica de retro-pulsação permite obter uma menor concentração de óleo no permeado (i.e., <5ppm). Experimentado com fibra oca polimérica e membrana inorgânica tubular, (Bhave et al., 2012) utilizou a tecnologia de separação por membrana para a colheita de biomassa com maior concentração de biomassa de microalgas de> 150 g / L em peso seco. base e para reduzir aprox. 90 % do volume de água por desidratação. Estudaram que o Back flushing tem sido uma ferramenta eficaz para a manutenção do fluxo no caso da colheita de biomassa (cultura de algas) com valores de concentração mais elevados (> 20 g/L). Verifica-se um aumento exponencial da taxa de fluxo (25 %) na fase inicial das operações de cultivo de algas com a ajuda da técnica de retrolavagem e, por conseguinte, a retrolavagem é a metodologia mais eminente e redutora de custos com membranas inorgânicas que transportam uma taxa de fluxo mais elevada ao longo do tempo.

2.5.2 Sparging de gás:

A utilização de ar ou de quaisquer gases para criar um fluxo cruzado num compartimento de membrana tem sido geralmente um meio comum hoje em dia para dois grandes problemas numa filtração por membrana, incluindo a redução de incrustações na membrana e o aumento do fluxo num fluxo de permeado. A aspersão de ar é a geração de um fluxo bidirecional ar/líquido através da inserção de ar diretamente no compartimento da membrana para fins de filtração. Foi estudada como sendo uma técnica muito eficaz para as membranas dos módulos do tipo tubular e do tipo fibra oca.

(Ducom et al., 2002) estudaram a técnica de aspersão de ar para duas alimentações (macroemulsões estabilizadas de óleo em água e emulsões não estabilizadas de óleo em água) em membrana NF de folha plana de fluxo cruzado. Observou-se que para 10 % de emulsão não estabilizada, o fluxo de permeado foi aumentado em 2,4 vezes ao inserir ar a uma velocidade de 1 ms-1 a 4,5 bar de pressão. Assim, quanto maior a taxa de velocidade do gás, maior o aumento do valor do fluxo e o mecanismo observado é o fluxo instável que gera perturbações no líquido e começa a circular em torno das bolhas de gás que removem os contaminantes/gotas de óleo da superfície da membrana. O autor relatou, para o sistema óleo em água acima referido, que a injeção de ar a uma velocidade superior ao limite proporciona melhores resultados no aumento do fluxo. Os efeitos da injeção de ar no fluxo de permeado a diferentes velocidades foram bem estudados e o processo de injeção de ar nos fluxos de alimentação com a intenção de evitar a formação de camadas de bolo foi claramente mencionado em (Cabassud et al., 2005). Os resultados comprovam o facto de que, sem a injeção de ar, o fluxo de permeado diminui com o tempo, inicialmente em maior grau, levando à formação de uma maior quantidade de bolo, aumentando a resistência da camada de bolo na membrana juntamente com a resistência do fluxo, enquanto que, com a aspersão de ar, o fluxo de permeado diminui, mas em menor grau, e à medida que a velocidade do fluxo de ar aumenta, o fluxo de permeado também aumenta. A introdução de gás no canal de alimentação a partir da posição descendente e a solução de alimentação juntamente com as bolhas de gás que fluem para baixo para a remoção da acumulação densa da superfície da membrana, utilizando duas vias de fluxo cruzado gás-líquido com membrana de módulo tubular, mostraram um aumento de 320% na taxa de fluxo. A aspersão de ar também conduz ao seu desempenho no caso do biorreactor de membrana para tratamento de águas residuais. (Javadi et al., 2014) também concorda com a pesquisa acima no que diz respeito aos efeitos significativos da taxa de fluxo de alimentação no fluxo de permeado. (N. Javadi et al., 2014) investigaram o efeito da técnica de aspersão de gás no fluxo de permeado e também determinaram os vários parâmetros de funcionamento através da otimização utilizando a metodologia de superfície de resposta (RSM) e o Design Composto Central (CCD). Uma preocupação que foi levemente abordada aqui é a aplicação da teoria RSM para modelagem e otimização da suspensão de chlorella sp. com gás, que é considerada um sistema híbrido muito promissor. (Laorko et al., 2011) estudaram o efeito da aspersão de gás na limitação, bem como o aumento do fluxo crítico no caso do processo de filtração de sumo de ananás clarificado. O aumento crítico foi analisado com base numa pressão inicial fixa e num incremento gradual da pressão com um determinado intervalo de tempo e, por outro lado, o fluxo limitante foi calculado na ausência de qualquer injeção de pressão (sem pressão) no sistema. Também demonstraram que a aspersão de gás é um método eficaz para reduzir as incrustações reversíveis e irreversíveis externas num processo de separação por membranas. Juntamente com a técnica de aspersão de gás, a velocidade de fluxo cruzado (CFV) também desempenha um papel vital no aumento da taxa de fluxo em soluções altamente concentradas. Os efeitos da injeção de ar no fluxo de permeado a diferentes velocidades foram bem estudados e o processo de injeção de ar nos fluxos de alimentação com a intenção de evitar a formação de camadas de bolo foi clarificado por (Cabassud et al., 1997). Os resultados provaram que, sem a injeção de ar, o fluxo de permeado diminui com o tempo, inicialmente em maior grau, o que leva à formação de uma maior quantidade de bolo na superfície da membrana, aumentando a resistência da camada de bolo na membrana, juntamente com a resistência do fluxo, enquanto que, com a aspersão de ar, o fluxo de permeado diminui, mas em menor grau, e à medida que a velocidade do fluxo de ar aumenta, o fluxo de permeado também aumenta. Examinaram também duas formas de injeção de ar/gás no sistema: (1) injeção de gás em fluxo constante durante todo o funcionamento do sistema (2) injeção de ar entre o processo (inserção intermitente) e o processo constante deu resultados significativos em comparação com a inserção intermédia, uma vez que a injeção constante de gás não permite a deposição de bolo, enquanto o processo intermédio elimina o bolo depositado durante o funcionamento. A aspersão de ar tem sido uma excelente ferramenta para o controlo de incrustações ou para o aumento do fluxo num processo de filtração por membranas. Mas, atualmente, existem vários desafios que se colocam aos investigadores relativamente a esta técnica. (Shi et al., 2014) estudou e analisou algumas limitações. Em primeiro lugar, não houve uma medição íntima da distribuição adequada do ar em torno de todo o módulo da membrana. Em segundo lugar, não existe nenhum mecanismo disponível para a remoção de partículas da superfície da membrana utilizando a aspersão de ar. Se a remoção de partículas por aspersão de gás afecta ou não os vários parâmetros, como a velocidade do fluxo de ar, o tamanho da membrana, os tipos de módulos utilizados, etc. Por último, os danos e rupturas da membrana também são possíveis com a utilização de ar comprimido a uma velocidade específica elevada, o que é um fator crítico a ter em consideração. (Hemmati et al., 2012) discutiram a análise experimental de resíduos de petróleo retirados da unidade de separação da refinaria de Teerão e concluíram que a técnica de aspersão de ar pode ser mais eficaz e foi capaz de aumentar a taxa de fluxo até 170 % quando a velocidade do fluxo aumentou de 0 para 40 ml/s. Estudaram também o efeito combinado da velocidade de fluxo cruzado (CFV), da pressão transmembranar (TMP) e da aspersão de ar, que se revelou eficaz e proporciona uma melhor análise dos resultados. Foi explicado como a aspersão de ar ajuda a aumentar o fluxo de permeado. A geração de turbulência no permeado devido à inserção de ar foi uma forma eficiente de permitir que as partículas regressassem em massa, o que diminui as resistências à incrustação da membrana e aumenta o fluxo do permeado. Um dos méritos da aspersão de ar aqui discutida foi o custo operacional mais baixo e as condições de operação mais fáceis em comparação com outras técnicas convencionais. (Fouladitajar et al., 2013) discutiram várias aplicações revistas de estudadas por numerosos autores e o seu trabalho sobre a metodologia de filtração utilizando a aspersão de gás. Injeção de gás metano na membrana cerâmica (Imasaka et al., 1989), aumento de 175 % na taxa de fluxo para a levedura e alívio notável do fluxo em solução de dextranos e BSA (Cui et al., 1994), aumento do fluxo de slug flow em UF e MF (Mercier et al., 1997).

2.5.3 Limpeza de membranas:

(Yin et al., 2013) fizeram experiências para tratar águas residuais de dessulfuração em ultrafiltração utilizando membrana cerâmica e estudaram o mecanismo de incrustação numa membrana e os seus meios eficazes. Também discutiram parâmetros eficazes como agentes de limpeza, grau de incrustação, tempo de limpeza e temperatura de limpeza que afectam gravemente a operação de limpeza. Durante a dessulfuração das águas residuais, os fenómenos de incrustação na membrana consistiam principalmente na deposição de enxofre e óleo de alcatrão juntamente com sal de tiocinato, o que favorece a formação de bolos, uma vez que o bloqueio dos poros era difícil devido ao facto de as partículas de enxofre de maiores dimensões não caberem nos poros da membrana. Para além disso, foram realizadas experiências para a limpeza da membrana, que foram consideradas louváveis com a combinação de limpeza da mistura de uma solução de NaOH a 1% (p/p) e uma solução de NaClO a 0,5% (p/p), que foi deixada a funcionar durante 2 horas a 50 °C. A temperatura de limpeza foi considerada suficientemente boa para perder o bolo e remover a força adesiva entre o bolo e a superfície da membrana. Uma preocupação que tem sido pouco abordada aqui é a composição e a densidade de sujidade fixada na superfície da membrana. (Warsinger et al., 2014) analisou detalhadamente a tecnologia de destilação por membrana como sendo o método mais eficiente para processos de separação desde as duas últimas décadas. Os investigadores estudaram vários agentes de limpeza, como os ácidos (fortes e fracos), que eram normalmente utilizados na limpeza da superfície da membrana e que o HCL está a ser utilizado para remover os sais básicos como o CaCO3, as escamas de sílica e as escamas de óxido de ferro. A água desionizada também é utilizada para a limpeza da superfície durante a operação. Várias análises de investigação foram aqui discutidas, tais como a recuperação do fluxo no caso de incrustações de CaCO3 por lavagem com 2-5 % de HCL (Gryta, 2012), ácido cítrico seguido de solução de NaOH utilizada para lavar e limpar a água do mar com uma boa recuperação do fluxo durante a MD (Curcio et al., 2010), utilizando água permeada RO para remover depósitos de incrustações da água do mar (Mericq et al., 2010). A inversão da direção do fluxo é uma abordagem comum para atenuar a bioincrustação. (Wang et al., 2014) encontraram uma alternativa através da implementação de uma combinação de NaClO e água de refluxo que proporciona um aumento do fluxo final no permeado devido ao aumento do tamanho dos poros da membrana. A solução de NaClO a 0,2 ppm, quando lavada com água, conseguiu um grande alívio do fluxo e uma diminuição das incrustações no MBR. Uma concentração muito baixa (0,05 ppm) e uma carga de concentração elevada (1,5 ppm) de solução de NaClO também se revelaram ineficazes na redução da taxa de incrustação. (Shi et al., 2014) discutiram vários tipos de incrustações e a metodologia para as eliminar através de várias técnicas de limpeza. As incrustações foram divididas em orgânicas, inorgânicas e biológicas, enquanto os tipos de limpeza incluem combinações físicas, químicas, físicas e químicas e métodos não convencionais. Por um lado, as forças hidráulicas e mecânicas faziam parte da limpeza física da membrana, sendo aplicadas várias formas, como TMP (direção inversa), promotores de turbulência/formação de vórtices, enquanto que, por outro lado, a força eléctrica era aplicada para a remoção de iões carregados fixados na superfície da membrana. Em pormenor, o enxaguamento hidráulico pode ser utilizado para remover a acumulação de depósitos, invertendo o fluxo ou em fluxo em co-corrente com o fluxo de alimentação. A retrolavagem também requer a inversão do fluxo para o lado da alimentação a partir do lado do permeado com a ajuda de pressão de impulso. A pressão inversa requer normalmente um impulso duas vezes superior à pressão de alimentação para fazer face ao mecanismo do sistema, mas há que ter cuidado com os danos na membrana. A limpeza da membrana também é afetada pela composição da solução de retrolavagem que pode fluir. O estudo revela que a água ionizada reduz a eficiência da remoção em termos de incrustações e, por conseguinte, a água desmineralizada será a melhor solução. A eliminação efectiva de depósitos e de grandes acumulações pode ser feita com bolas de esponja, mas é impraticável em pequenos módulos de membrana devido a limitações de tamanho. A limpeza não convencional envolve ondas sonoras ultra-sónicas e limpeza eléctrica. (Goode et al., 2013) analisou o problema industrial da limpeza, diferenciando três tipos (1) apenas limpeza com água (tempo de limpeza de base) - depende do número de Reynold e da tensão de cisalhamento da superfície. (2) Depósito de biofilme - a limpeza depende do tempo de envelhecimento das partículas na superfície da membrana e, em particular, a limpeza química foi considerada eficaz em comparação com a subida da água devido a factores como o fluxo e a temperatura. (3) O depósito de partículas de tipo específico, como as células proteicas, requer uma limpeza química especial e a temperatura afecta o sistema em maior medida. A incrustação da membrana é o principal desafio para o processo de separação e requer vários reagentes e procedimentos de limpeza para ultrapassar as limitações. (Espinasse et al., 2012) estudaram várias características dos reagentes utilizados no tratamento de água na MF e as taxas de rejeição foram tabuladas. Os reagentes que participaram incluem água DI, HCL (pH 2), NaOH (pH 12), NaOCl e ultrasil (pH 10). Também experimentaram a taxa de rejeição da nova membrana NF200 e da membrana suja após a operação. O Ultrasil (pH 10) foi considerado uma opção muito eficaz para fins de limpeza.

Tabela 2.1: Taxa de rejeição para a nova membrana, suja (antes da limpeza) e após a limpeza com diferentes reagentes.

NF 200	Taxa de rejeição de CaCl2 (%)
Novo	30.3
Com falta (antes da limpeza)	33.4
Água DI	30.6
HCL (pH 2)	30.0
NaOH (pH 12)	28.9
NaOCl	25.3
Ultrasil (pH 10)	31.0

Os autores também estudaram o efeito do ângulo de contacto da membrana, que tem um impacto positivo significativo na limpeza. (Ahmad et al., 2014) estudaram a configuração para tratar a alga de cor verde *chlorella sp. uma* vez que esta contém uma maior quantidade de lípidos, o que permite ao investigador produzir biodiesel. Os investigadores seguiram a sequência de limpeza da membrana: fluxo inicial de água pura, incrustações, primeiro enxaguamento com água, limpeza química, segundo enxaguamento com água e fluxo final de água pura. Foram comparados quatro reagentes químicos diferentes, dois ácidos e duas bases, nomeadamente HNO3 e ácido cítrico e NaOH e NaOCl. As impurezas da membrana foram efetivamente removidas em maior medida pelos agentes de limpeza alcalinos em comparação com os agentes ácidos. A comparação entre o NaOCl e o NaOH foi efectuada com base no desempenho da limpeza, uma vez que o NaOCl (0,75 %) pode recuperar o fluxo em quase 98 % e remove uma maior quantidade de camadas de deposição da superfície da membrana, como se esta estivesse suja (limpa/nova), enquanto o NaOH (0,75 %) pode recuperar apenas 68 % do valor do fluxo. Discutindo questões relativas a várias incrustações na membrana, como cálcio, magnésio, hidróxido de ferro e sílica, estas acumulam-se e depositam-se na superfície da membrana, criando muitos problemas, e esses depósitos são removidos por soluções de HCL ou ácido cítrico. (Abdelrasoul et al., 2013) também discutiram os vários poluentes e as suas estratégias de remoção através de diferentes técnicas de limpeza. Tudo isto inclui a deposição de impurezas inorgânicas, particuladas, microbianas e orgânicas e as respectivas técnicas de limpeza eficazes incluem a acidificação da alimentação, a retrolavagem/limpeza hidráulica, a cloração da alimentação e a limpeza química. O estudo revela que, para todos os tipos de incrustações, a limpeza química está disponível de forma sustentável e pode ser aplicada facilmente. (Linares et al., 2013) estudaram a incrustação na membrana FO e a técnica de limpeza eficiente para o sistema híbrido (camada ativa (AL)) seguido de recuperação de efluentes de águas residuais secundárias (SWWE) para água do mar como solução de alimentação. A AL com Alconox + EDTA de sódio como reagentes de limpeza afectou a recuperação do fluxo. (Wand et al., 2015) também apoiou o reagente químico (0,8% de EDTA e 1% de mistura de Alconox) considerado eficaz para o aumento do fluxo de água e soluto submetido a membranas TFC. A limpeza da membrana com uma mistura de 0,1% de NaOH / 0,1% de dodecil sulfato de sódio (SDS) seguida de 0,5% de HCL ou 2% de ácido cítrico foi a solução mais eficaz no caso da membrana TFC.

2.5.4 Irradiação ultra-sónica:

(Naddeo et al., 2015) estudaram os efeitos do ultrassom com frequência média a um valor constante de fluxo de permeado na ultrafiltração da água do lago. A investigação foi feita em manter o monitoramento contínuo no TMP e operou o sistema aplicando irradiação ultra-sónica intermitente ou contínua com condição de fluxo unidirecional ou cruzado. A irradiação contínua de ultra-sons com modo de fluxo cruzado foi a forma mais eficaz. A análise experimental inclui a alimentação com intervalos de pH entre 6,5 e 7 e a membrana foi imersa no banho de ultra-sons com uma frequência de 45 KHz. O ultrassom intermitente com fluxo unidirecional resultou numa flutuação do TMP em relação ao tempo, enquanto o modo de fluxo cruzado em operação de ultrassom fornece melhores resultados em termos de aumento do fluxo devido à remoção regular de partículas da superfície devido à velocidade do fluxo e à pressão de cisalhamento. O ultrassom também foi considerado como opção apropriada em caso de tempo de filtração mais longo como inicialmente os TMPs foram mantidos em certos limites com o sistema e, assim, reduz a incrustação reversível, mas depois de algum período de tempo mais longo, a incrustação irreversível era incontrolável. (Li et al., 2011) realizaram uma experiência com uma solução de argila como alimentação para a membrana de UF de fibra oca. Os pesquisadores também estudaram a sonicação em dois modos diferentes como: sonicação contínua on-line e sonicação de pulso off-line. A sonicação em linha envolve filtração e sonicação ao mesmo tempo e tem a capacidade de aliviar o fluxo de permeado e reduzir as características de incrustação da membrana, mas é difícil de implementar em plantas de grande escala. Da mesma forma, a pulsação offline é a sonicação após a ocorrência do fenómeno de filtração. Foram aplicadas três frequências ultra-sónicas (40, 68, 170 KHz) e quatro potências diferentes (3,1, 6,2, 9,2 e 12,3 KW/m2) e os seus efeitos foram demonstrados. O funcionamento com elevada intensidade de potência e frequência mais baixa revelou-se significativamente eficiente na melhoria do fluxo, mas os dados investigados revelam que, com uma potência de 12,3 KW/m2 e 170 KHz, a membrana começa a degradar-se e foram observados danos nos poros da membrana. (Patel e Nath, 2013) estudaram o processo de nanofiltração com uma mistura de alimentação que continha dois corantes, nomeadamente preto reativo 5 e amarelo reativo 160 C.I. e NaCl, utilizando uma membrana de poliamida hidrofilizada num módulo de membrana de folha de falt. Aqui também os efeitos em diferentes concentrações de alimentação e TMPs foram investigados através da passagem de sonicação intermitente e contínua com 160 minutos de período de tempo dividido como 160 min de fluxo contínuo e divisão de três partes como continuar 60 min off; continuar 60 min em seguido de continuar 40 min off. Os resultados foram observados como esperado como inicialmente para 60 min, redução no fluxo de permeado e, em seguida, para os próximos 60 min, o alívio é observado na relação de fluxo. Eles observaram a redução na taxa de polarização de concentração por 8,9 de 19,6 pela aplicação da irradiação ultra-sônica por 60 min, que transmite o incremento do fluxo de permeado com o período de tempo. (Tao e Sun, 2014) estudo detalhado sobre várias formas de aplicação de ultrassom em diferentes materiais alimentares e melhoria dos processos foram observados criticamente aqui com a intenção de substituir as técnicas tradicionais no futuro. Ultrassónicos e não ultrassónicos são os dois factores que afectam os processos de separação. A frequência, o consumo de energia, a duração e o modo de ultra-sons são os factores ultra-sónicos, enquanto os não ultra-sónicos dependem da área do equipamento a utilizar. As áreas de oxidação, filtração, salmoura, congelação, etc. são as áreas em que é necessária mais investigação para satisfazer os requisitos industriais de intensificação eficiente dos processos. A ultrassonografia foi considerada uma contribuição rica para a operação de secagem e extração em muitas indústrias. (Shahraki et al., 2014) experimentou no leite em pó desnatado (1 wt%) como alimentação para UF e investigação foi feita em vários modos de sonicação (contínuo, pulsado, varredura e desgaseificação) com diferentes freqüências e efeitos de acima sobre o fluxo de permeado e mitigação de incrustação. O modo contínuo refere-se a ondas estáveis com frequência fixa que conduzem a um zonamento constante, enquanto o modo pulsante inclui um aumento de 20 % na frequência. O modo de varrimento substitui a frequência do som por um período de tempo e a frequência dos ultra-sons foi distribuída globalmente no banho. Para um fluxo de permeação elevado, é preferível o modo de irradiação pulsada e a baixa frequência (37 KHz). (Mirzaie et al., 2012) estuda o leite de vaca como alimento e os factores que afectam a permeação do fluxo. O fluxo aumenta com o aumento da irradiação ultra-sónica. Neste caso, a irradiação contínua tinha mostrado resultados tremendos no aumento do fluxo em comparação com pulsado com taxas 33% mais elevadas. Foram estudados e tidos em consideração vários parâmetros de funcionamento durante a aplicação da ultra-sons, tais como a pressão de alimentação, a potência de irradiação, a distância entre a fonte de irradiação e a superfície do material da membrana (membrana obstruída), etc. Foi observado um fator de aumento de 217% no fluxo de leite quando a técnica de irradiação ultra-sónica foi aplicada a 0,8 bar de pressão de alimentação, 20 W de potência e uma distância de 2,6 cm entre a superfície da membrana e a fonte de irradiação. A distância entre a superfície da membrana e a fonte de irradiação ultra-sónica era mais curta e observou-se um aumento efetivo da membrana devido a uma maior energia e a um menor desperdício de ondas ultra-sónicas.

2.6 Algumas outras técnicas diversas

2.6.1 Inversão do fluxo:

(Ilias et al., 2002) sugeriram experimentalmente a utilização da técnica de inversão do fluxo como um dos métodos mais importantes para a atenuação da incrustação nos processos de separação por membranas. Conceberam e construíram a unidade de separação com o conceito de inversão periódica do fluxo e utilizaram albumina de soro bovino (BSA) como alimentação do sistema. Os resultados foram muito surpreendentes com a aplicação da técnica de inversão de fluxo cruzado em comparação com o fluxo na direção da frente. Comparando os dados experimentais, os autores referiram que, a uma pressão de 30 Psia e com uma solução de BSA a 3 % submetida ao sistema sem inversão do fluxo, se regista um enorme declínio do fluxo durante o período de 1 hora a partir de aprox. 370 ml/min/m2 para 10 ml/min/m2, ao passo que, com a inversão periódica do fluxo, o declínio não foi demasiado grande, tendo sido de 200 ml/min/m2. Foram obtidos resultados fenomenais com a inversão do fluxo cruzado e o fluxo manteve-se durante muito tempo a um determinado valor de permeado.

2.6.2 Promotores de turbulência/Promoção de vórtices/Tensão de cisalhamento

(Hilal et al., 2005) estudou vários artigos e elaborou promotores de turbulência como um inerte aplicado para criar instabilidades que causam a formação de um fluxo perturbado que raspa a escala formada a partir da superfície da membrana. O vórtice forma-se quando os promotores de turbulência são inseridos e estão disponíveis em várias formas e tamanhos, tais como fio fino, varetas estáticas, fio espiral, inserções em forma de cone e deflectores. A velocidade do fluxo cruzado, a membrana rotativa e as inserções helicoidais também ajudam a criar turbulência no sistema. A rotação da superfície da membrana a alta velocidade ajuda a criar vórtices de Taylor (caudal de alimentação a 180°C), o que aumenta a tensão no sistema e minimiza a acumulação de impurezas na superfície. A investigação também estudou o aumento de 500% do fluxo através da implementação da turbulência em comparação com outras técnicas normais. A eficiência dos deflectores (helicoidais) foi estudada e verificou-se que pode melhorar o valor do fluxo do vinho de 10 L/hm2 para 25 L/hm2 durante a clarificação do vinho. Os promotores de turbulência são eficazes no caso dos processos MF, UF e NF.

2.6.3 Modificação da membrana

(Mohammad et al., 2015) reviu várias técnicas de modificação de membranas para as melhores membranas, de modo a que a maior seletividade, a tendência de rejeição e a questão da incrustação possam ser tratadas. Vários métodos foram discutidos pelos autores para preparar, bem como para modificar a membrana para o aumento efetivo do fluxo e, principalmente, aqui a discussão leva à polimerização interfacial (IP) e à polimerização de enxerto. Avanços recentes no método de polimerização interfacial envolveram o método de inversão de fase para produzir membranas compósitas de película fina (TFC), bem como a adição de nanopartículas para formar membranas nanocompósitas de película fina. Com os mesmos tipos, a polimerização por enxerto envolve métodos de enxerto UV/foto, irradiação por feixe de electrões (EB), tratamento por plasma e camada por camada. O processo IP envolve a utilização de vários monómeros, como o ácido tânico, o cloreto de isoftaloílo e o bisfenol A (BPA), que formam uma camada fina com elevada permeabilidade e seletividade para o desempenho da membrana. (2014) "A novel composite nanofiltration membrane prepared with PHGH and TMC by interfacial polymerization," reported a monomer, namely polyhexamethylene guanidine hydrochloride (PHGH) having better bacteria inhibition properties and using IP method, NF membrane can be prepared. A polimerização por enxerto assistida por UV/fotoenxerto, ou seja, a polimerização por enxerto assistida por UV, representa a interação entre o fluxo de alimentação e a superfície da membrana sem interromper o material da membrana. Do mesmo modo, o enxerto de vários materiais, como a polifenilenossulfona sulfonada (SPPSU), o cloreto de metacrilatoetiltrimetilamónio (DMC), a cardo-polietercetona, etc., na membrana NF e UF, permite obter uma membrana eficiente com carga positiva e elevada permissibilidade.

Tabela 2.2: Várias estratégias de melhoria do fluxo na membrana accionada por pressão

Sr Não.	Sistema	Membrana e módulo	Técnicas de melhoramento	Resultado/observação	Referências
1.	Efluente secundário da recolha de águas residuais municipais	Membranas UF e RO enroladas em espiral	Fluxo direto e inversão de fluxo periódico	1. Efeito da polarização da concentração minimizado. 2. Os factores que afectam são a temperatura e a concentração da solução de limpeza de pH elevado e a retrolavagem após a limpeza química.	J. Paul Chen, S.L. Kim, Y.P. Ting (2003)
2.	Separação por fluxo cruzado de células sanguíneas no sangue total	Membrana artificial implantável	Inversão periódica do fluxo	1. A separação com fluxo de retrolavagem é viável e aumenta o fluxo de permeado num filtro implantável. 2. Conceito de	A. Ostadfar, A. Rawicz (2015)

			utilização da energia interna da circulação sanguínea para aumentar o caudal de permeação estabilizado durante muito tempo	
			tempos de utilização.	
3.	Eletrodeposição de águas residuais r (suspensão de Cr(OH)3)	Membranas de alumina com vários tamanhos de poros (0,2-5,0 mm) membranas tubulares	Com e sem pulsação dorsal	1. A retro-pulsação é eficaz na redução do fenómeno de incrustação e aumenta até cinco vezes o fluxo de permeado em estado estacionário e a recuperação de 100% do fluxo. 2. O fluxo de permeado aumenta com o aumento do TMP e da velocidade do fluxo cruzado, tanto na presença como na ausência de retrocesso.	R. Sondhi, Y.S. Lin, F. Alvarez (2000)
4.	Clarificação do sumo de maçã cru despectinizado	Membranas tubulares cerâmicas	Lavagem por retorno e pulsação por retorno	A retrolavagem em operação com intervalo de 5 minutos aumenta a taxa de fluxo de 85 litros h-1 m-2 para 200 litros h-1 m-2 e, com a manutenção do intervalo de tempo de 10 minutos, observa-se declínio do fluxo.	M.Y. Jaffrin (2012)
5.	Leite	Duas membranas	Com e sem pulsação dorsal	1. Para obter melhores resultados, é preferível	E. Larsson (2011)

		cerâmicas (óxido de alumina) com tamanhos de poro de 0,1 e 1,4 μm		uma taxa de circulação mais baixa com retrocesso, em comparação com uma taxa de circulação mais elevada sem retrocesso.	
				2. A membrana com tamanho de poro de 0,1 μm é eficaz em comparação com o tamanho de poro de 1,4 μm.	
6.	Água produzida (a alimentação da emulsão de óleo foi feita de diferentes petróleos brutos)	α-Al2O3 membranas cerâmicas (dimensões dos poros de 0,1, 0,2 e 0,5 μm) tubular cruzado módulo	Pulsação nas costas	A concentração elevada de óleo com a presença de uma membrana de partículas de 0,1 μm teve um melhor desempenho, em contraste com a presença de partículas de tamanho de poro de 0,2 μm.	S.H.D. Silalahi, T. Leiknes (2011)
7.	Colheita de biomassa e desidratação energeticamente eficientes de Nannochl oropsis sp.	Sistema integrado de membrana tubular de fibra oca	Pulsação nas costas	1. Aumento exponencial da taxa de fluxo de 25 % na cultura de algas. 2. Manutenção do fluxo com valores de concentração mais elevados (> 20 g/L).	R. Bhave, T. Kuritz, L. Powell, D. Adcock (2012)
8.	Emulsões estabilizadas e	Membrana de eamida de	Aspersão de ar diretamente na	O fluxo de permeado aumentou pelo fator 2,4 e	G. Ducom, H. Matamoros, C.

não estabilizadas óleo/água.	polipiperazina em módulo de folha plana	corrente de alimentação	1,9 a 4,5 bar para 10% e 2% de emulsão não estabilizada, respetivamente.	Cabassud (2002)
9.	Cultura pura de	Microfiltração	Aspersão de gás	O caudal de alimentação foi o mais	N. Javadi,
10.	microfiltração de sumo de ananás	módulo de fibra oca de polisulfona, tamanho de poro de 0,2	Utilização da aspersão de gás a baixo CFV	1. Mais eficazes no CFV mais baixo (1,5 m s_1), em comparação com os de	A. Laorko, Z. Li, S. Tongchitpakdee
		μm, diâmetro e comprimento da fibra de 1 mm e 30 cm.		CFV mais elevado (2,0 e 2,5 m s_1). 2. Fator de injeção de gás a 0,15, 0,25 e 0,35 com um CFV de 1,5 m s-1, o aumento de 55,6%, 75,5% e 128,2% foi alcançado para o fluxo crítico, enquanto 65,8%, 69,7% e 95,2% foi alcançado para o fluxo limitante.	, W. Youravong (2011)
11.	Suspensão de argila (bentonite clarsol, diâmetro médio das partículas = 1 μm), concentração	Membrana de fibra oca de acetato de celulose, diâmetro dos poros 0,01μm	Pulverização de ar (fluxo de gás constante e intermitente)	Aumento do fluxo até 110 % a 1 ms-1 e 60 % a 0,1 ms-1 e o fluxo de gás constante foi mais proeminente em comparação com o fluxo intermitente.	C. Cabassud, S. Laborie, J.M. Laine (1997)

	(0,9 a 5,2 g/l)				
12.	Eliminação de águas residuais industriais oleosas da unidade de separação API da refinaria de Teerão	Folha plana Membrana de polisulfona (0,1 µm)	Aspersão de ar	1. Aumento da taxa de fluxo até 170 % quando a velocidade do fluxo aumentou de 0 para 40 ml/s. 2. O aumento do CFV, do TMP e do caudal de ar de aspersão aumenta a	M. Hemmati , F. Rekabdar , A. Gheshlaghi , A. Salahi, T. Mohammadi (2012)
	unidade de tratamento de águas residuais			fluxo de permeação. 3. Os melhores resultados foram obtidos com um caudal de ar de 40 ml/s, TMP de 3 bar e CFV de 1 m/s.	
13.	Águas residuais dessulfurizadas	membrana UF de cerâmica de zircónio com poros de 0,05 µm	Limpeza de membranas	Combinação eficaz de limpeza da mistura de solução de NaOH a 1 % (p/p) e solução de NaClO a 0,5 % (p/p) deixada a funcionar durante 2 horas a 50 °C.	N. Yin, Z. Zhong, W. Xing (2013) (2013)
14.	A água que alimenta a instalação piloto NF foi pré-tratada por microfiltração	Cupões de membranas NF200 e módulo de folhas planas	Limpeza de membranas	1. Os reagentes utilizados para a limpeza são água desionizada, HCL (pH 2), NaOH (pH 12), NaOCl, ultrasil (pH 10). 2. Ultrasil (pH 10) considerado uma opção muito eficaz para fins de limpeza	B.P. Espinasse, S. Chae, C. Marconnet, C. Coulombel, C. Mizutani, M. Djafer, V. Heim, M.R.
15.	Microalgas e	Membrana MF	Limpeza de	1. As impurezas da	A.L. Ahmad,

	Chlorella sp. que é uma alga de cor verde para produzir biodiesel	de acetato de celulose e módulo de placa e armação	membranas	membrana foram eficazmente removidas em maior medida por agentes de limpeza alcalinos em comparação com agentes ácidos. 2. Comparação de	N.H. Mat Yasin, C.J.C. Derek, J.K. Lim (2014)
				O NaOCl e o NaOH foram utilizados com base no desempenho da limpeza, uma vez que o NaOCl (0,75 %) pode recuperar o fluxo em quase 98 % e remove uma maior quantidade de camadas de deposição da superfície da membrana, como se esta estivesse suja (limpa/nova), enquanto o NaOH (0,75 %) pode recuperar apenas 68 % do valor do fluxo	
16.	Lago água recolhida do lago de Washingt sobre	Fibras de membrana capilar única de polissulfona	Irradiação ultra-sónica (irradiação contínua e intermitente)	A irradiação contínua de ultra-sons com modo de fluxo cruzado foi a forma mais eficaz	V. Naddeo, V. Belgiorno, L. Borea, M.F.N. Secondes, F.B. Jr (2015)
17.	Solução argilosa feita de solo superficial e água desionizada	Membrana de fibra oca de polisulfona (tamanho de poro de 10.000	Sonicação contínua em linha e sonicação por impulsos fora de	1. Foram aplicadas três frequências ultra-sónicas (40, 68, 170 KHz) e quatro potências diferentes (3,1, 6,2, 9,2 e 12,3 KW/m2).	X. Li, J. Yu, A.G. AgwuNnanna (2011)

	(DI)	Da)	linha	2. O funcionamento com elevada intensidade de potência e frequência mais baixa revelou-se significativamente eficaz na melhoria do fluxo	
18.	Mistura de dois corantes reactivos, nomeadamente o preto reativo 5 e o C.I Amarelo reativo 160	Poliamida hidrofilizada (HPA) de 125 mícrones de espessura e MWCA 400	Irradiação ultra-sónica de baixa frequência	O declínio do fluxo com o tempo pode ser significativamente atenuado a baixa frequência (34 ± 3 kHz)	T.M. Patel e K. Nath (2013)
19.	Leite em pó desnatado do mercado local	Folha plana UF polyethersolf em	Modos de sonicação (contínuo, pulsado, varrimento e desgaseificação)	Para o fluxo de permeação elevado, é preferível o modo de irradiação pulsada e a baixa frequência (37 KHz).	M.H. Shahraki, A. Maskooki, A.Faezian (2014)
20.	Leite de vaca fresco	MF celulose membrana de éster	irradiação ultra-sónica	Foi observado um fator de aumento de 217 % no fluxo de leite quando a técnica de irradiação ultra-sónica foi aplicada a 0,8 bar de pressão de alimentação, 20 W de potência e	A. Mirzaie, T. Mohammadi. (2012)
21.	Albumina de soro bovino (BSA)	Módulos tubulares de membrana UF	Inversão do fluxo	A uma pressão de 30 Psia e com uma solução de BSA a 3 %, o fluxo diminuiu durante o período de 1 hora,	S. Ilia (2002)

| | | | | passando de aprox. 370 ml/min/m2 para 10 ml/min/m2 enquanto que com a inversão do fluxo, o declínio não foi demasiado | |
| | | | | até 200 ml/min/m2. | |

CAPÍTULO 3

MATERIAIS E MÉTODOS

3.1 Material utilizado

3.1.1 Equipamento utilizado

Instalação piloto de nanofiltração

3.1.2 Membrana utilizada

Foi utilizada no estudo uma membrana HFT 150 de 125 mícrones de espessura e MWCO 150, com tecido de suporte. A membrana foi fornecida pela PermionicsMembrane Pvt. Ltd, Baroda, Índia. Trata-se de um elemento de membrana composto de película fina, constituído por um substrato de poliéster não tecido sobre o qual é revestida uma camada de polietersulfona. A membrana foi preparada por moldagem em solução e inversão de fases. A área efectiva da membrana foi de 0,016 m^2.

3.1.3 Vidros e objectos de plástico

Frasco de amostragem, balão volumétrico (100 ml a 1 L), frasco cónico (100 ml a 500 ml), copo (100 ml a 500 ml), proveta.

3.1.4 Produto químico utilizado

A solução de alimentação para o presente estudo foi uma solução de corante reativo amarelo 160 e uma solução sintética de sulfato de cádmio (metal pesado). As características e a composição química estrutura de um dado são apresentados no Quadro 3.1.

Tabela 3.1: Características do corante utilizado na experiência

Sr. No.	Characteristics	Reactive Yellow 160	Structure
1.	C.I. (Colour index) name	C.I. Reactive yellow 160	
2.	Molecular Structure	Single azo class	
3.	Molecular Formula	$C_{25}H_{22}ClN_9Na_2O_{12}S_3$	
4.	Molecular Weight	818.13 Da	
5.	Melting point	>240°C	

Tabela 3.2: Características do sulfato de cádmio utilizado na experiência

Sr. No.	Characteristics	Cadmium Sulphate	Structure
1.	C.I. (Colour index) name	White hygroscopic solid	
2.	Molecular Formula	$CdSO_4 \cdot H_2O$	
3.	Molecular Weight	226.49Da	
4.	Melting point	105 °C	

3.2 Configuração experimental

A configuração experimental é ilustrada esquematicamente na Fig. É constituída por uma unidade de nanofiltração de fluxo cruzado com um módulo de membrana de folha plana. A célula de teste, feita de aço inoxidável (dimensão: 225 x 150 x 50 mm^3) e a dimensão interna da célula de teste era de 160 mm x 100 mm x 2 mm. Uma placa perfurada de aço inoxidável com 1 mm de espessura foi colocada sobre a bitola de aço inoxidável de 350 mesh, que foi coberta por um papel de filtro e seguida pela membrana propriamente dita. Esta disposição proporciona uma elevada resistência mecânica, bem como suporte para a membrana de ensaio a alta pressão. O conjunto da instalação piloto foi equipado com um variador de frequência (VFD) para controlo do caudal, um manómetro de entrada e de saída e um interrutor de alta pressão (HPS). Todas as experiências foram efectuadas com uma tensão de alimentação nominal total de 230 Volt. O sistema experimental da unidade piloto Perma foi fornecido pela Permionics membrane pvt. Ltd. Vadodara, Gujarat. A solução de alimentação do tanque de alimentação foi pressurizada por uma bomba de êmbolo de alta pressão (50-400 psi) e introduzida na célula de ensaio (dimensão: 225 × 150 × 50 mm). A metade superior da célula é a câmara de distribuição do fluxo e a metade inferior é utilizada como suporte da membrana. A metade superior da célula de ensaio continha uma ranhura para a colocação do anel "O" de PEAD, a fim de evitar fugas em operações a alta pressão. A solução de corante de alimentação do tanque de alimentação foi pressurizada por uma bomba de êmbolo de alta pressão e introduzida na célula de ensaio. O fluxo de rejeitado foi recolhido e reciclado para o tanque de alimentação através do medidor rotativo. O fluxo de permeado também foi reciclado no tanque de alimentação para manter uma concentração constante, uma vez que o volume de alimentação foi mantido constante durante toda a experiência.

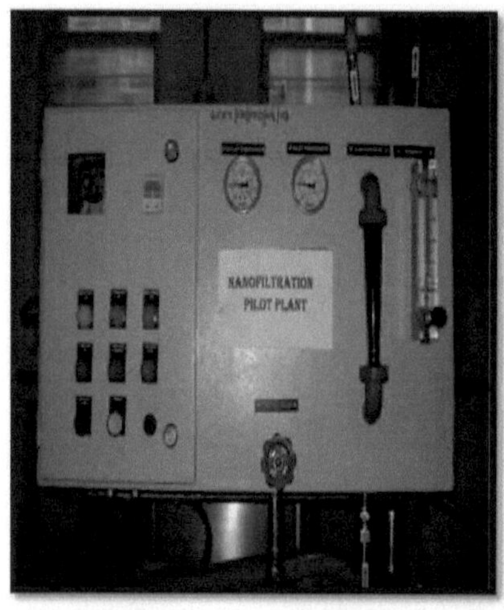

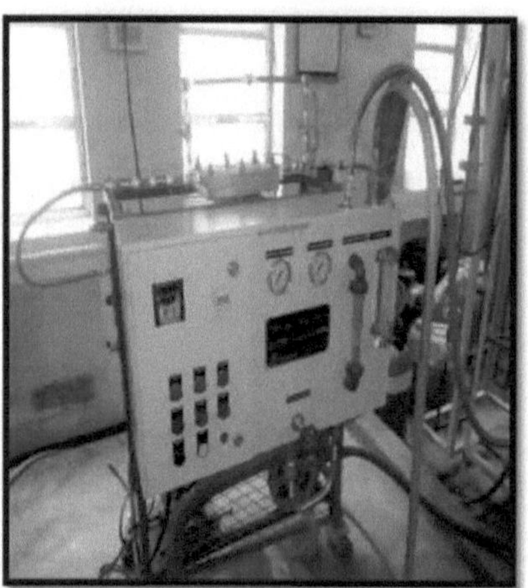

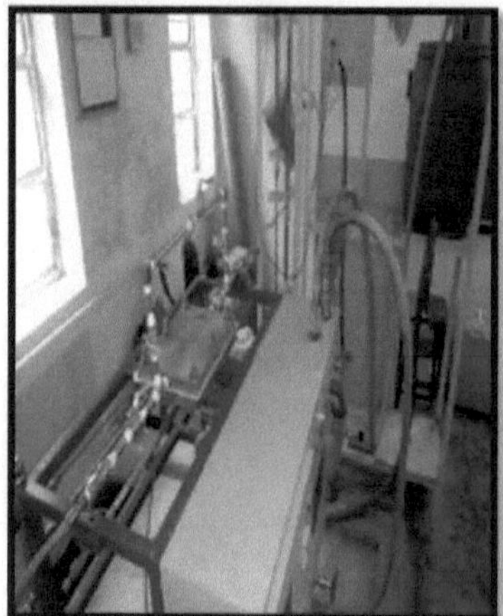

Fig. 3.1: Fotografia da instalação piloto NF

3.3 Determinação de várias resistências

O declínio do fluxo será diferente para cada resistência individual oferecida, mostrada na Fig. 3.3. Para uma dada solução de corante reativo, algumas das partículas podem ser adsorvidas na superfície da membrana devido à interação soluto-membrana. Como os solutos têm partículas de tamanho relativamente pequeno em comparação com os poros da membrana, as partículas podem entrar nos poros da membrana e ser adsorvidas na superfície interna da membrana. Quando o processo prossegue, há uma acumulação gradual de partículas de soluto na superfície da membrana, o que leva à formação da camada de bolo ou camada de polarização de concentração. De acordo com a lei de

34

Darcy, o modelo de resistência em série pode ser escrito como

$$J = \frac{1}{A}\frac{dV}{dt} = \frac{\Delta P}{\mu(R_m + R_{ad} + R_p + R_{cp})} \quad (1)$$

Onde, J é o fluxo de permeado (Lm h^{-2-1}), A é a área efectiva da membrana (m^2), Rm a resistência intrínseca da membrana (m^{-1}), Rad a resistência de adsorção (m^{-1}), Rpta resistência de bloqueio dos poros (m^{-1}), R$_{cp}$ a resistência da camada de bolo (m^{-1}), ΔP é o TMP (bar), μ é a viscosidade da solução (bar hr).

3.3.1 Resistência da membrana

A membrana foi submetida à unidade de filtração sob diferentes pressões de (294, 490, 686) KPa usando água destilada. O fluxo de permeado foi calculado e traçado em função da pressão de funcionamento, que é quase uma linha reta que passa pela origem. O declive desta linha reta é a permeabilidade da membrana (Jo). A resistência da membrana foi calculada

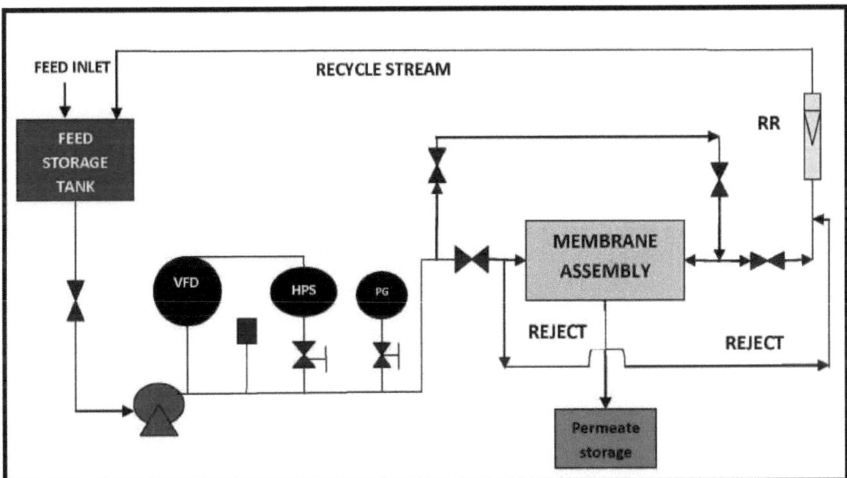

Fig. 3.2: Esquema da instalação experimental para nanofiltração com alimentação direta e sistema de inversão de fluxo (VFD: dispositivo de frequência variável; HPS: interrutor de alta pressão; PG: manómetro; RR: rotâmetro de rejeição) a partir da permeabilidade como

$$R_m = \frac{\Delta P}{\mu J_0} \quad (2)$$

A válvula da resistência da membrana revelou-se ser **2,52 x 10^{13} m^{-1}** .

3.3.2 Resistência à adsorção

A solução de 100 mg/L de corante amarelo reativo 160 foi preparada e carregada na célula de membrana sem aplicar qualquer pressão durante três períodos de tempo diferentes, nomeadamente

15, 30 e 60 minutos. Após cada intervalo de tempo específico, a célula foi desmontada e a membrana foi lavada com água destilada para que as partículas soltas fossem removidas da superfície da membrana. Com a mesma membrana, foram efectuadas experiências com água destilada a diferentes pressões e as válvulas de fluxo de permeado foram anotadas. A resistência da membrana foi calculada como:

$$R_m + R_{ad} = \frac{\Delta P}{\mu J_1}(3)$$

A combinação das equações (2) e (3) dá o seguinte resultado

$$\frac{R_{ad}}{R_m} = \frac{J_0}{J_1} - 1(4)$$

Após o cálculo da resistência de adsorção em diferentes períodos de tempo e pressões, pode ser traçada uma curva que mostra a cinética de $\frac{R_{ad}}{R_m}$ em função do tempo.

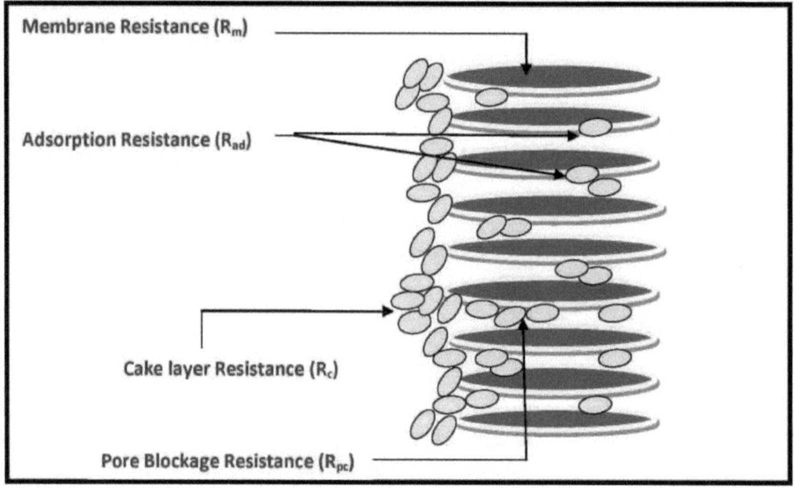

Fig. 3.3: Mecanismo dos diferentes tipos de resistência oferecidos na membrana accionada por pressão

3.3.3 Resistência ao bloqueio de poros

A válvula de Rpis é mais baixa em condições de forte polarização (em válvulas de pressão mais elevadas). A razão pode ser explicada pelo facto de, a uma pressão transmembranar mais elevada, mais soluto ser convectado para a superfície da membrana, causando um bloqueio grave dos poros, mas devido à resistência da membrana e à resistência à adsorção, as moléculas de soluto podem ser atingidas na superfície da membrana e, por conseguinte, a resistência ao bloqueio dos poros é menor.

Utilizando uma membrana limpa, a experiência NF foi realizada com a solução de 100 mg/L de corante amarelo reativo a várias pressões de funcionamento durante três períodos de tempo diferentes, nomeadamente 15, 30 e 60 min. Por exemplo, foram efectuadas experiências a uma pressão de 294 KPa com a solução de corante durante 15 minutos. Durante estes 15 minutos de funcionamento, o perfil de declínio do fluxo foi registado através da medição do peso acumulado do permeado. J2 foi o valor do fluxo de permeado no final dos 15 minutos. J2 pode ser expresso como

$$R_m + R_{ad} + R_p = \frac{\Delta P}{\mu J_2}$$ (5) Em seguida, a célula foi desmontada e a membrana retirada. A membrana foi lavada com água destilada, de modo a eliminar qualquer depósito na superfície da membrana. Com esta membrana lavada, efectuou-se uma corrida de água à mesma pressão de funcionamento, ou seja, 294 KPa. A válvula calculada de $\frac{R_{ad}}{R_m}$ ajudará a obter o respetivo $\frac{R_p}{R_m}$ através da seguinte equação:

$$\frac{R_p}{R_m} = \frac{J_0}{J_2} - \frac{R_{ad}}{R_m} - 1 \quad (6)$$

Utilizando a equação (6), seguiu-se um procedimento semelhante para outras durações de tempo para calcular a resistência de bloqueio dos poros. $\frac{R_p}{R_m}$Após o cálculo das válvulas de resistência ao bloqueio dos poros em diferentes tempos e pressões, a curva cinética de $\frac{R_p}{R_m}$ a diferentes pressões foi traçada.

3.3.4 Formação de camadas de bolo

Após os poros da membrana terem sido bloqueados, a deposição adicional de partículas na superfície da membrana formará uma camada de bolo. A camada de bolo é uma camada constante de partículas retidas, embaladas à densidade máxima na superfície da membrana. A formação da torta cria uma camada adicional de resistência ao fluxo de permeado. O fluxo diminui à medida que a espessura da camada de bolo aumenta com o tempo. Para efeitos de comparação, o fluxo de alimentação Forward é considerado como caso base. Para manter o desempenho da membrana, os módulos de membrana foram cuidadosamente limpos após cada utilização. Os dados de fluxo de água destilada foram recolhidos inicialmente para uma membrana nova e depois de cada limpeza para garantir a comparabilidade dos dados experimentais. O NF processa 100 mg/L de solução de corante amarelo reativo durante 120 min a diferentes TMPs. Uma vez que a cinética de $\frac{R_{ad}}{R_m}$ e $\frac{R_p}{R_m}$ já foi obtida, a resistência da camada de bolo pode ser calculada por:-

$$\frac{R_c}{R_m} = \frac{J_0}{J_3} - \frac{R_{ad}}{R_m} - \frac{R_p}{R_m} - 1 \quad (7)$$

3.4 Modificação da instalação piloto existente

Foram efectuadas várias experiências com a unidade de nanofiltração de fluxo cruzado com o módulo de membrana de folha plana. Esta disposição proporciona uma elevada resistência mecânica, bem como suporte para a membrana de ensaio a alta pressão. O conjunto da unidade piloto está equipado com um variador de frequência (VFD) para controlo do caudal, um manómetro de entrada e de saída e um interrutor de alta pressão (HPS). Todas as experiências são efectuadas com a alimentação nominal completa de 230 Volt. A metade superior da célula de ensaio continha uma ranhura para a colocação do anel "O" de PEAD, a fim de evitar fugas em operações a alta pressão. As válvulas de esfera fixadas nas respectivas posições são accionadas manualmente, de modo a que o fluxo possa ser invertido no intervalo de tempo decidido, mas, ao operar o sistema com as válvulas de esfera disponíveis, verificou-se que a perda de permeado no sistema era maior e tornava a operação agitada, conduzindo a uma quantidade de permeado irregular com um volume impreciso em diferentes intervalos de tempo. Assim, o sistema com as válvulas foi modificado, substituindo as válvulas de esfera por válvulas solenóides automáticas que podem ser abertas ou fechadas de acordo com os intervalos de tempo determinados. O temporizador de relé automático foi também ligado a todas as electroválvulas de modo a poder abrir ou fechar com base no tempo carregado no temporizador de relé. Esta modificação também foi efectuada através da substituição das tubagens do módulo de chapa plana, que eram de aço inoxidável, por materiais de PVC, uma vez que existem muitos problemas de fugas no material de aço inoxidável. O trabalho experimental efectuado com a nova configuração foi muito eficaz e preciso na recolha da quantidade de permeado. A tubagem de aço inoxidável modificada com válvula de esfera operada manualmente é mostrada na fig. 3.4 e a vista modificada com válvula solenoide automática e temporizador ligado ao sistema de tubagem de PVC é mostrada na fig. 3.5.

Fig. 3.4: Sistema com módulo composto por válvulas de esfera e tubagem SS

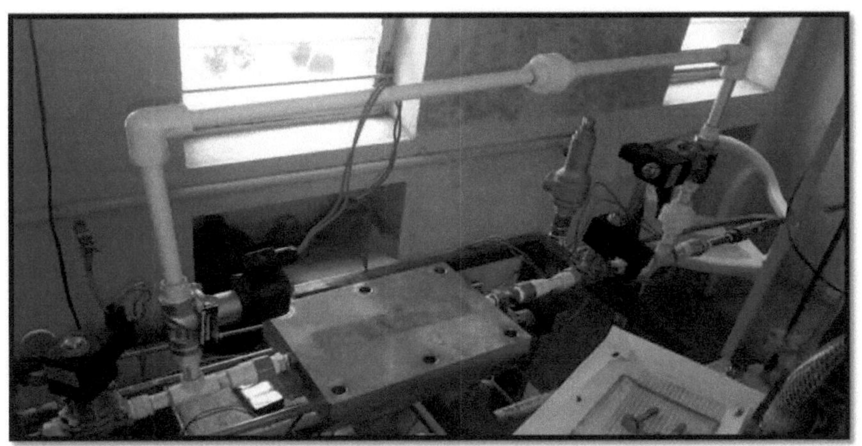

Fig. 3.5: Sistema modificado com válvula solenoide automática e tempo

CAPÍTULO 4

RESULTADOS E DISCUSSÃO

4.1 Resistências de membrana em NF

Foram efectuadas experiências de filtração por membrana de fluxo cruzado com o módulo de membrana HFT 250 num piloto de nanofiltração de folha plana. Os dados do fluxo permeado transmembranar foram recolhidos para as condições de alimentação direta e de inversão do fluxo (FR). Esta secção abordará o crescimento de vários tipos de resistência e a sua relação com a pressão de funcionamento e a duração do tempo durante o qual a solução de corante de alimentação é passada. O crescimento da resistência da membrana em função do tempo é determinado a diferentes pressões e observa-se na fig. 4.1 que a resistência da membrana permanece praticamente estável (constante) com o tempo a diferentes pressões. A resistência de adsorção está a aumentar inicialmente durante 20 minutos até atingir quase a mesma resistência que a da membrana e é cerca de 40% da resistência hidráulica da membrana, como se mostra na Fig. 4.2(a). Verifica-se que a resistência de adsorção está a aumentar em função do tempo. O grau de adsorção aumenta com o aumento da pressão. A resistência ao bloqueio dos poros (R_p) foi avaliada conforme descrito na Tabela 4.1. O perfil de R_{pat} em vários valores de pressão é apresentado na Fig. 4.2 (b). Observa-se que a resistência ao bloqueio dos poros aumenta gradualmente com o tempo. No final de 60 minutos, é cerca de 37,89 % da resistência hidráulica da membrana. Em condições de baixa pressão de funcionamento, a válvula de R_{pis} é cerca de 0,22 vezes a resistência hidráulica da membrana. Para todas as válvulas de pressão, a R_{pis} é cerca de 41% inferior à R_m. Os valores de Rp são mais elevados em condições de polarização mais fortes (a valores de pressão mais elevados). Isto pode ser explicado pelo facto de que, a uma pressão transmembranar mais elevada, mais solutos são convectados para a superfície da membrana, causando uma forte obstrução dos poros.

Tabela 4.1. Comparação de diferentes resistências para diferentes pressões de funcionamento com e sem condição de inversão do fluxo

Pressão	Duração do tempo	R_m	R_{ad}	R_P	R_{cp} Fluxo para a frente	R_{cp} Com inversão de fluxo
KPa	Minutos	$(m^{-1}) \times 10^{13}$				
Durante 15 minutos de alimentação, passou uma solução de corante a 100 mg/L						
294	10	2.52	0.56	0.72	0.84	0.80
490	20	2.51	1.19	1.20	1.22	1.07

686	30	2.49	1.42	1.44	1.47	1.24
Durante 30 minutos de alimentação, passou uma solução de corante a 100 mg/L						
294	40	2.51	0.92	0.93	0.97	0.88
490	50	2.52	1.26	1.29	1.32	1.14
686	60	2.47	1.47	1.51	1.54	1.31
Durante 60 minutos de alimentação, 100 mg/L de solução de corante passou						
294	70	2.54	1.07	1.09	1.11	1.01
490	80	2.47	1.34	1.36	1.39	1.21
686	90	2.56	1.53	1.59	1.62	1.37

Tabela 4.2. Comparação de diferentes resistências para diferentes pressões de funcionamento com e sem condição de pulsação de pressão

Pressão	Duração do tempo	R_m	R_{ad}	R_p	R_{cp} sem impulso de pressão	R_{cp} Com Pulsação de pressão
KPa	Minutos	(m^{-1}) x10^{13}				
Durante 15 minutos de alimentação, passou uma solução de corante a 100 mg/L						
294	10	2.52	0.62	0.68	0.86	0.88
490	20	2.33	1.21	0.81	1.14	1.14
686	30	2.44	1.36	0.89	1.31	1.33
Durante 30 minutos de alimentação, passou uma solução de corante a 100 mg/L						
294	40	2.61	0.92	0.94	1.04	1.04
490	50	2.35	1.29	1.06	1.19	1.18
686	60	2.56	1.52	1.17	1.38	1.40
Durante 60 minutos de alimentação, 100 mg/L de solução de corante passou						
294	70	2.54	1.07	1.01	1.10	1.11
490	80	2.41	1.33	1.14	1.27	1.29
686	90	2.62	1.64	1.31	1.44	1.44

Se compararmos o caso da inversão de fluxo com o do avanço, observamos na fig. 4.2 que o ganho de fluxo com a inversão de fluxo é significativo. Observa-se que R_{cp} cresce rapidamente durante a realização das experiências no sistema de avanço (unidirecional) e permanece quase invariável durante todo o funcionamento. A uma pressão de funcionamento mais elevada, os valores de R_{cp} são mais elevados num determinado tempo de funcionamento. Isto é óbvio porque mais solutos serão transportados para a superfície da membrana com o aumento da pressão, causando mais deposição e aumento no valor da resistência à incrustação. Por exemplo, no final de 60 minutos, R_{cp} é cerca de 0,63 Rm a 686 kPa e é cerca de 0,40 Rm a 294 kPa de pressão. Pode também notar-se que, em todos os momentos de medição, a resistência à incrustação é quase uma ordem de grandeza inferior à resistência hidráulica da membrana. Com base no trabalho efectuado, parece que a inversão periódica do fluxo da solução de alimentação diminui os efeitos da polarização da concentração e da incrustação da membrana que causam o declínio inicial do fluxo de permeado. No final de 60 minutos, a R_{cp} é de cerca de 0,53 Rm a 686 kPa e é de cerca de 0,39 Rm a 294 kPa de pressão.

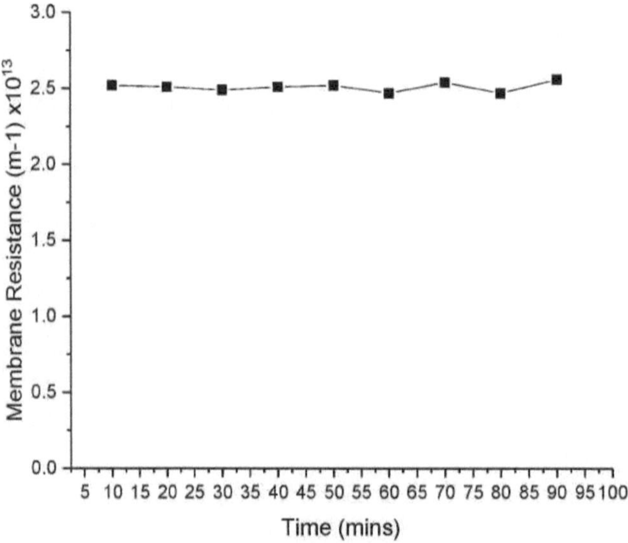

Fig. 4.1: : Variação da resistência da membrana em função do tempo

Os resultados também revelam que, a uma pressão mais elevada, se regista uma diminuição significativa da R_{cp} no caso da condição de inversão do fluxo, em comparação com o fluxo de alimentação para a frente. A fig. 4.2 mostra o perfil da resistência à formação de bolos em fluxo direto e em fluxo invertido ao longo do tempo. À medida que a operação de NF progride no tempo e as moléculas de soluto são retidas pela membrana, a instabilidade da contrapressão devido à inversão periódica do caudal impede gravemente essa adsorção. Assim, a recolha de moléculas de soluto na superfície da membrana é significativamente reduzida e resulta num aumento do fluxo de permeado com a utilização da inversão periódica do fluxo da solução de alimentação. Assim, observa-se que a resistência R_{cp} reversível com condição de avanço é a maior resistência entre as quatro e que a resistência à adsorção e a resistência ao bloqueio dos poros têm efeitos bastante semelhantes no sistema devido ao bloqueio inicial dos poros. A contribuição da resistência à adsorção e à obstrução

42

dos poros aumenta com a pressão. O Rcp com condição de inversão de fluxo apresenta uma diminuição definitiva da resistência em comparação com o Rcp com fluxo unidirecional.

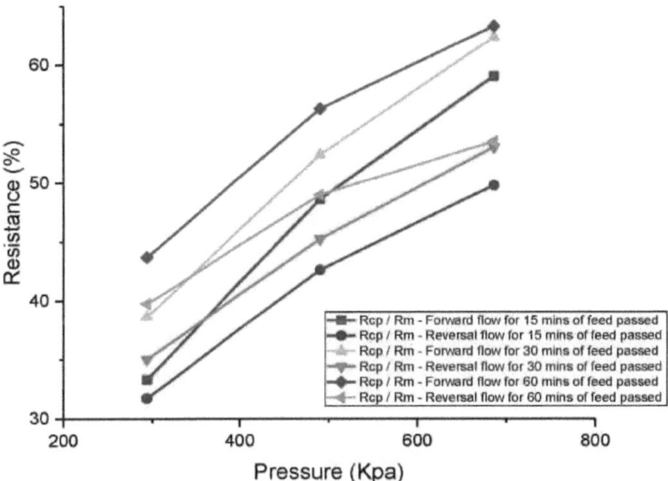

Fig. 4.2: % de crescimento de várias resistências à pressão de funcionamento 294-686 Kpa para 15, 30 e 60 min de alimentação de 100 mg/L de solução de corante passada para condições de avanço e inversão do fluxo.

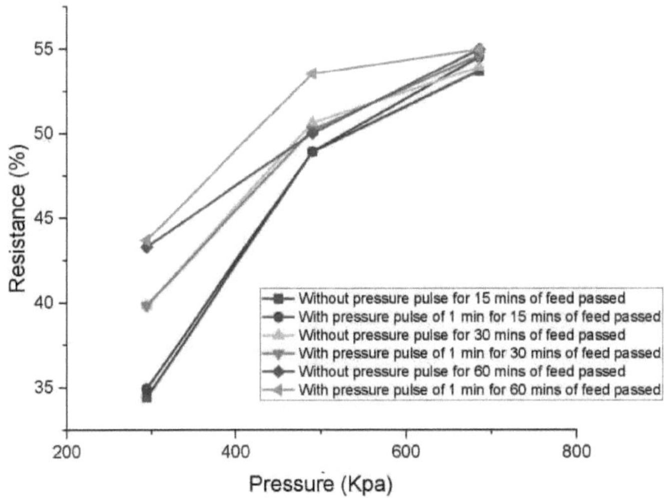

Fig. 4.3: % de crescimento das resistências CP à pressão de funcionamento 294-686 Kpa durante 15, 30 e 60 min de alimentação de 100 mg/L de solução de corante passada com e sem pulsação de

pressão

As experiências com a mesma solução de alimentação do corante reativo amarelo 160 foram realizadas com a aplicação de outra técnica de melhoria do fluxo. A técnica de pulsação de pressão é aplicada para fornecer pressão imediata sobre a superfície da membrana em alguns intervalos de tempo com purga do ar comprimido/gás nitrogénio para aumentar a capacidade e a permeabilidade do sistema. O módulo de folha plana da instalação piloto NF está equipado com uma série de compressores, um reservatório de reserva, uma válvula solenoide e um temporizador. O ar comprimido do compressor passa através do reservatório-tampão, que fornece o suprimento de ar adequado quando a purga é necessária. O relé do temporizador automático está ligado à válvula solenoide do sistema, para que, em intervalos diferentes, possam ser emitidos impulsos de ar. O módulo de folha plana com a membrana HFT-250 é perfurado para ligar a tubagem da válvula pressurizada ao sistema. As experiências foram iniciadas com o fluxo inicial calculado no sistema de fluxo normal para ser a base para o processo posterior. A solução de 100 ppm foi passada para o sistema com uma frequência de pulsação de pressão num intervalo de tempo de 1 min. O fluxo de permeado foi calculado com base no permeado recolhido após 10 minutos de atuação. Os resultados foram comparados e apresentados na fig. 4.3, respetivamente. Observa-se que R_{cp} cresce rapidamente durante a realização das experiências no sistema de avanço (unidirecional) e permanece quase invariável durante todo o funcionamento. A uma pressão de funcionamento mais elevada, os valores de R_{cp} são mais elevados num determinado tempo de funcionamento. Isto é óbvio porque mais solutos serão transportados para a superfície da membrana com o aumento da pressão, causando mais deposição e aumento no valor da resistência à incrustação. Por exemplo, no final de 60 minutos, R_{cp} é cerca de 0,54 Rm a 686 kPa e é cerca de 0,43 Rm a 294 kPa de pressão. Pode também notar-se que, em todos os momentos de medição, a resistência à incrustação é quase uma ordem de grandeza inferior à resistência hidráulica da membrana. Com base no trabalho efectuado, verifica-se que, ao aplicar o impulso de pressão com uma frequência de 1 minuto cada no sistema, não se verificou qualquer alteração significativa na resistência oferecida. Depois disso, o efeito inverso foi citado no fluxo de permeado. Observa-se tipicamente que, ao aplicar o impulso de pressão a diferentes frequências, em vez de se aliviar o fluxo de permeado, ou seja, diminuir o R_{cp}, não se verificam grandes alterações na declinação da resistência, embora se observe um aumento no valor de R_{cp}. O perfil da resistência sem pressão e com impulso de pressão ao longo do tempo é mostrado na fig. 4.3. A possível consequência é a camada de fluxo bifásico acumulada devido ao slug de ar comprimido formado na superfície superior da membrana. A mistura de ar e água de alimentação forma um ambiente borbulhante de ar e água, criando uma resistência adicional à superfície da membrana que adere ao caudal e à pressão aplicada ao sistema. Assim, observa-se que o R_{cpcom} pulso de pressão não proporciona uma diminuição satisfatória da resistência em comparação com o R_{cpsem} pressão. Por outro lado, às vezes, devido à mistura de dois fluxos, há um pequeno aumento na resistência $_{Rc}$ que não é adequado para aumentar o fluxo num processo de separação por membrana.

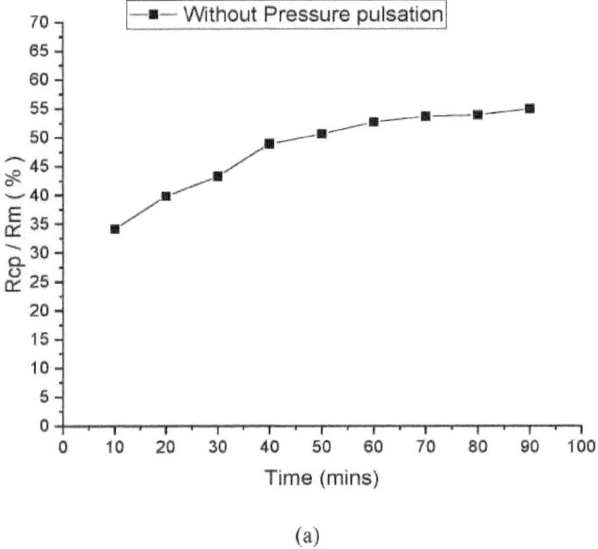

(a)

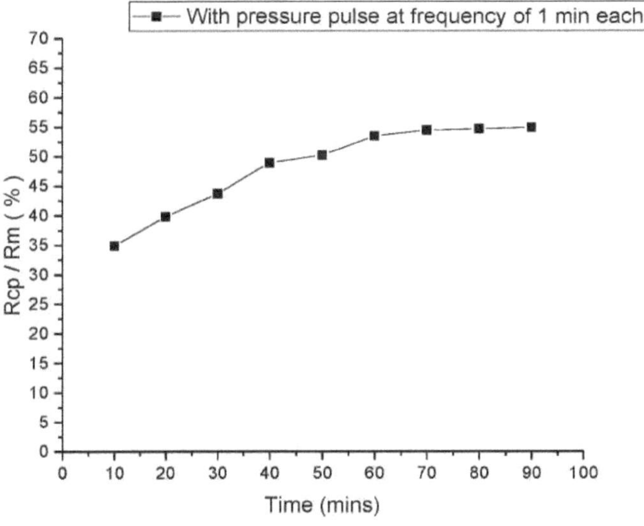

(b)

Fig. 4.4 **(a)** Resistência à formação da camada de bolo sem pulsação de pressão e **(b)** Resistência à formação da camada de bolo com pulsação de pressão de frequência de 1 min, com tempo à pressão de funcionamento 294-686 KPa e concentração de alimentação 100 ppm de solução de corante amarelo reativo 160.

Ao comparar as duas técnicas, a inversão de caudal e a pulsação de pressão, a comparação mostrou alguns resultados exactos e válidos. A resistência CP oferecida pelo sistema NF ao aplicar ambas as técnicas é apresentada na fig. 4.5. O gráfico mostra claramente que as resistências oferecidas pelo sistema que funciona com pulsação de pressão com uma frequência de 1 minuto cada fornecem mais resistência em comparação com o sistema com inversão de caudal. É muito claro a partir da experiência que a resistência oferecida será comparativamente maior no caso da pulsação de pressão. Ao verificar o desempenho do fluxo simples para a frente, a inversão do fluxo e a pulsação de pressão, observa-se que a inversão do sentido do fluxo remove as partículas acumuladas da superfície da membrana ou abre os poros, levando ao aumento do permeado. O mesmo foi observado com a técnica de pulsação de pressão com pulsação de ar comprimido a diferentes pressões e intervalos de tempo. A pulsação do sistema com ar em alguns intervalos cria uma pressão imediata na superfície da membrana, levando à dispersão ou à atmosfera irregular das partículas, tornando a superfície um pouco limpa ou o movimento das partículas proporcionando espaço suficiente para que a alimentação passe e se concentre.

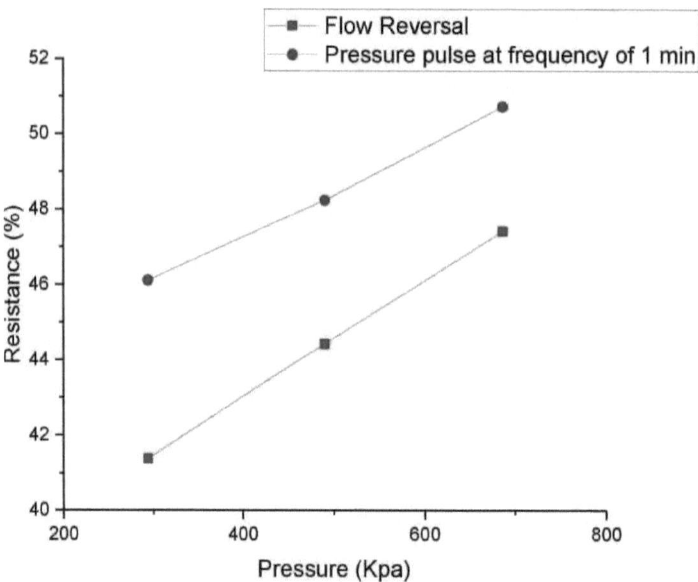

Fig. 4.5   Comparação da resistência à formação da camada de bolo com inversão de fluxo e com pulsação de pressão de frequência de 1 min, com tempo à pressão de funcionamento 294-686 KPa e concentração de alimentação 100 ppm de solução de corante amarelo reativo 160.

4.2 Método de inversão de fluxo

O esquema de inversão do fluxo é o que é normalmente utilizado na operação de filtração por membrana de fluxo cruzado. O modo de fluxo invertido é *"o fluxo de alimentação e a direção do fluxo de permeado foram trocados em tempo pré-determinado usando válvulas de 2 vias, que foram operadas manualmente ou usando válvulas solenóides automáticas operadas com temporizador de relé anexado no intervalo de tempo".*

A solução reactiva de corante amarelo 100 ppm é passada diretamente através da unidade NF a uma pressão de 3 kg/cm^2 durante 1 hora e as amostras foram recolhidas a cada 10 minutos de intervalo na direção do fluxo para a frente. O mesmo procedimento continua para a inversão do fluxo, mas a diferença é que, em cada intervalo de 5 minutos, a direção do fluxo é alterada durante 1 minuto para fluxo inverso e, de novo, para fluxo direto. As amostras são recolhidas a cada 10 minutos de intervalo (5 minutos do lado da alimentação e 1 minuto do lado do permeado). O mesmo procedimento foi efectuado com pressões diferentes de 5 e 7 kg/cm^2 . Como a NF é uma membrana accionada por pressão, o fluxo aumentará com o aumento da pressão. A tabela 4.3 apresenta o fluxo de permeado com fluxo direto e com fluxo invertido a diferentes pressões.

Tabela 4.3. Comparação dos dados de fluxo de permeado a diferentes pressões sem e com FR

	Fluxo com fluxo direto			Fluxo com inversão de fluxo		
	Fluxo de permeado, (m /m^{32} seg) * 10-^{6}					
Tempo (mins)	3 kg/cm^2	5 kg/cm^2	7 kg/cm^2	3 kg/cm^2	5 kg/cm^2	7 kg/cm^2
10	8.54	15.2	20.62	8.54	15.2	20.62
20	8.48	15.12	20.55	8.5	15.2	20.60
30	8.43	15.08	20.52	8.48	15.17	20.58
40	8.39	15.04	20.47	8.45	15.12	20.55
50	8.36	15.01	20.45	8.45	15.1	20.55
60	8.34	15	20.44	8.43	15.1	20.54

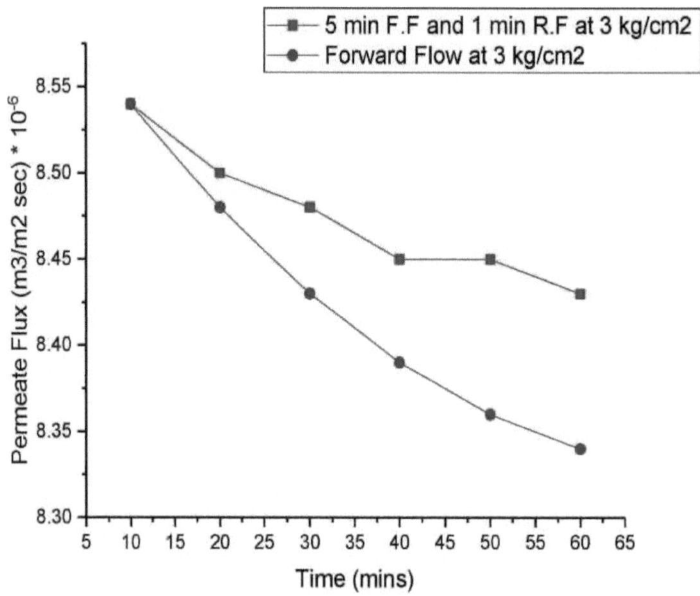

Fig. 4.6: Comparação dos dados do fluxo de permeado com o fluxo para a frente e a inversão de fluxo a 3 kg/cm^2

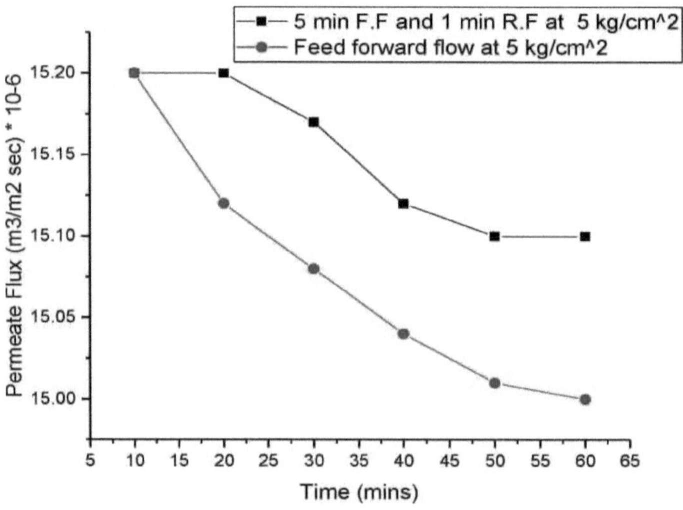

Fig. 4.7: Comparação dos dados do fluxo de permeado com o fluxo para a frente e a inversão de fluxo a 5 kg/cm^2

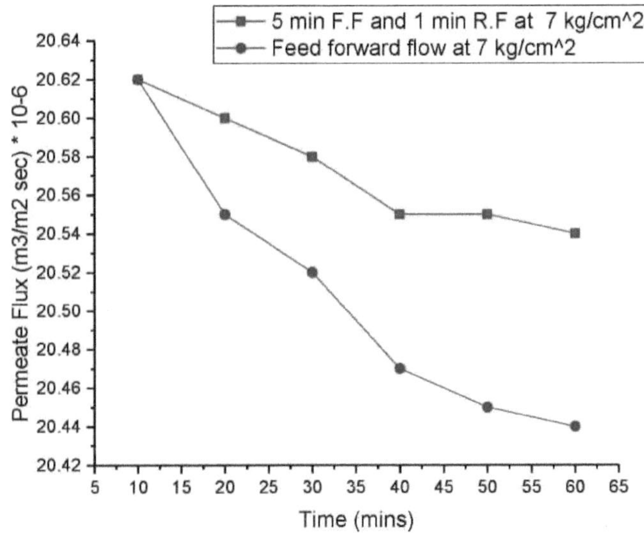

Fig. 4.8: Comparação dos dados de fluxo de permeado em solução de corante com fluxo direto e inversão de fluxo a 7 kg/cm^2

Como mostram as figuras 4.6 a 4.8, para diferentes pressões, a % de recuperação do fluxo de permeado é maior com o método FR do que com o método Feed forward. Isso se deve à melhor capacidade de remoção de partículas de soluto da superfície da membrana com o método FR. Observa-se que há apenas 0,70 % de perda de fluxo de permeado a 3 kg/cm^2 pressão para o período de execução de 60 min no caso da técnica de inversão de fluxo, enquanto que é de 2,22 % no sistema de avanço. Da mesma forma, a redução percentual do fluxo de permeado a 5 e 7 kg/cm^2 ao aplicar a técnica FR é de 0,59 e 0,33%, enquanto que para as mesmas condições de pressão no sistema de alimentação unidirecional é de 1,31% e 0,87%, respetivamente. Assim, é evidente que as resistências CP podem ser reduzidas e podem melhorar o desempenho da membrana NF através da aplicação da técnica de inversão de fluxo.

4.3 Método de pulsação de pressão

São aplicadas várias técnicas de aumento do fluxo para aliviar a quantidade de permeado num processo de separação por membranas e um dos métodos de investigação envolve o método de pulsação de pressão. Este método envolve a aplicação de impulsos de ar/ar comprimido na entrada do lado da alimentação, paralelamente à linha de alimentação, com diferentes frequências de intervalos de tempo, o que proporciona uma pressão externa na superfície superior da membrana, onde a turbulência do fluido pode criar uma pressão externa na membrana, juntamente com a pressão do sistema. A solução reactiva de corante amarelo 100 ppm é passada diretamente através da unidade

NF a uma pressão de 3 kg/cm² durante 1 hora e as amostras são recolhidas a cada 10 minutos de intervalo. Em cada intervalo de frequência de 1, 2 e 3 minutos, é automaticamente aplicado um impulso de ar comprimido no sistema, no lado da alimentação, para aliviar o fluxo de permeado com as diferentes pressões aplicadas. As experiências foram realizadas a diferentes pressões de 5 kg/cm² e 7 kg/cm² respetivamente. As experiências revelam o facto de o sistema a 3 kg/cm² com uma frequência de pulsação de pressão de 1, 2 e 3 minutos apresentar uma perda de permeado de 2,58, 5,12 e 5,12%, respetivamente, em comparação com o sistema de alimentação normal sem pulsação de pressão. Da mesma forma, a 5 e 7 kg/cm² , a perda de fluxo de permeado a 1, 2 e 3 min é de 1,31, 2,03 e 2,69 % e 1,52, 2,06 e 2,60 %, respetivamente. À medida que a pressão aumenta, a % de perda de permeado diminui (uma vez que se trata de um processo impulsionado pela pressão) e à medida que a frequência do intervalo de tempo do impulso aumenta, o fluxo de permeado aumenta. Assim, pode dizer-se que a aplicação da técnica de impulsos de pressão a diferentes frequências de tempo e a diferentes pressões apresenta resultados intermédios, uma vez que, por vezes, o fluxo de permeado aumenta ou permanece equivalente ao fluxo de água calculado. Devido à pressão contínua a que o sistema é sujeito em diferentes frequências de intervalos de tempo, observa-se que se pode formar uma camada bifásica na superfície superior da membrana, criando uma outra fase que oferece resistência ao fluxo de alimentação unidirecional e a formação de bolhas de ar-líquido que aderem à superfície da membrana. A aplicação da técnica de pulsação de pressão não fornece uma sugestão adequada para o aumento do fluxo, em vez de diminuir o fluxo de permeado.

Tabela 4.4. Comparação dos dados do fluxo de permeado a diferentes pressões com a pulsação de pressão para a solução de corante reativo amarelo 160

	Pulsação de pressão (frequência em diferentes intervalos de tempo) Fluxo de permeado, (m /m³² seg) * 10⁻⁶								
	3 kg/cm²			5 kg/cm²			7 kg/cm²		
Minutos de tempo	Mínimo			Mínimo			Mínimo		
	1	2	3	1	2	3	1	2	3
10	8.12	8.12	8.12	10.72	10.72	10.72	15.20	15.20	15.20
20	8.02	7.91	8.02	10.20	10.52	10.52	14.89	15.10	15.10
30	8.02	7.91	7.91	10.00	10.41	10.41	14.68	15	15.10
40	7.91	7.70	7.91	9.89	10.31	10.20	14.58	14.79	14.89
50	7.60	7.70	7.91	9.79	10.20	10.10	14.27	14.68	14.79

60		7.39	7.60	7.60	9.68	10.00	10.00	14.06	14.47	14.58

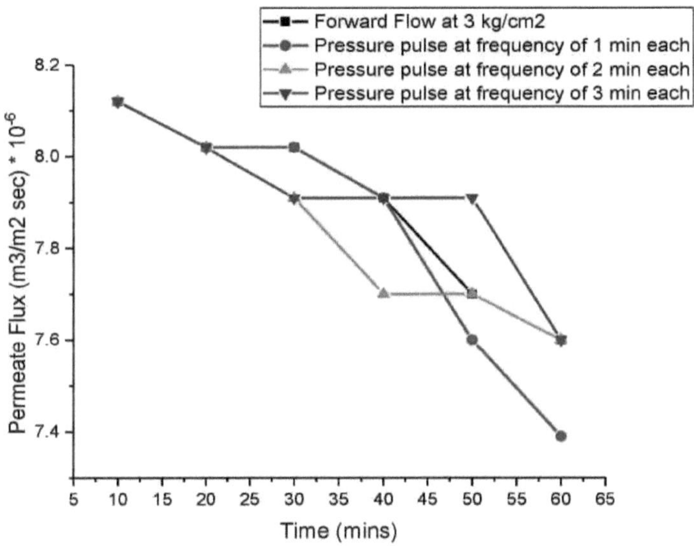

Fig. 4.9: Dados do fluxo de permeado a 3 Kg/cm^2 pressão sem pulsação e pulsação com frequência de 1, 2 e 3 min para a solução de corante, respetivamente

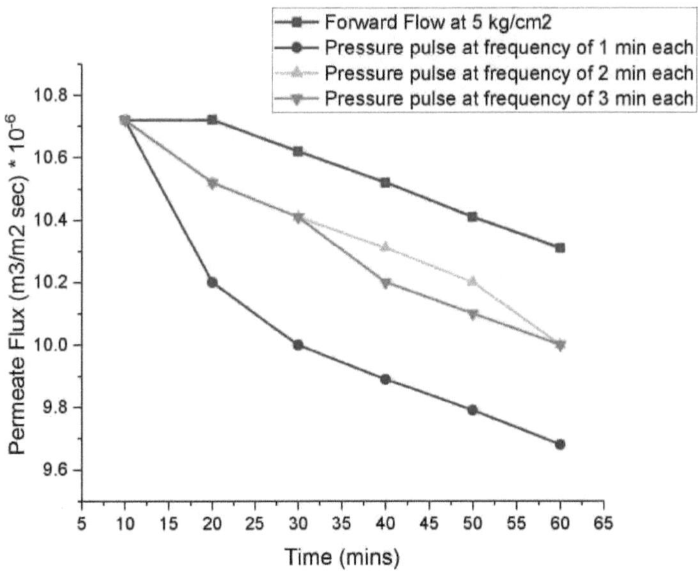

Fig. 4.10: Dados do fluxo de permeado a 5 Kg/cm^2 pressão sem pulsação e pulsação com frequência

de 1, 2 e 3 min, respetivamente

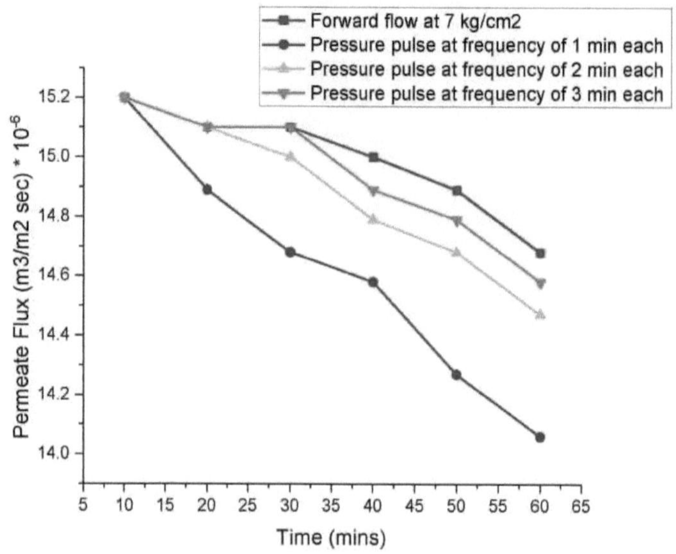

Fig. 4.11: Dados do fluxo de permeado a 7 Kg/cm^2 pressão sem pulsação e pulsação com frequência de 1, 2 e 3 min, respetivamente

A solução sintética preparada no laboratório de qualquer matéria particulada pode justificar o efeito de vários métodos empregues e, assim, outra abordagem aqui para verificar o aumento do fluxo, tendo em consideração os metais pesados. O cádmio é um dos metais tóxicos presentes nas águas residuais e tem de ser removido para efeitos de reutilização. A solução sintética de sulfato de cádmio é preparada com diferentes concentrações de 50, 100 e 150 ppm e utilizada no sistema com diferentes caudais de 3, 5 e 7 LPM. Observa-se a partir dos resultados que, ao aplicar a condição de inversão do fluxo (5 min para a frente e 1 min para trás), a perda de permeado é menor na solução de concentração mínima e a um caudal de alimentação elevado (a 7 LPM com 50 ppm).

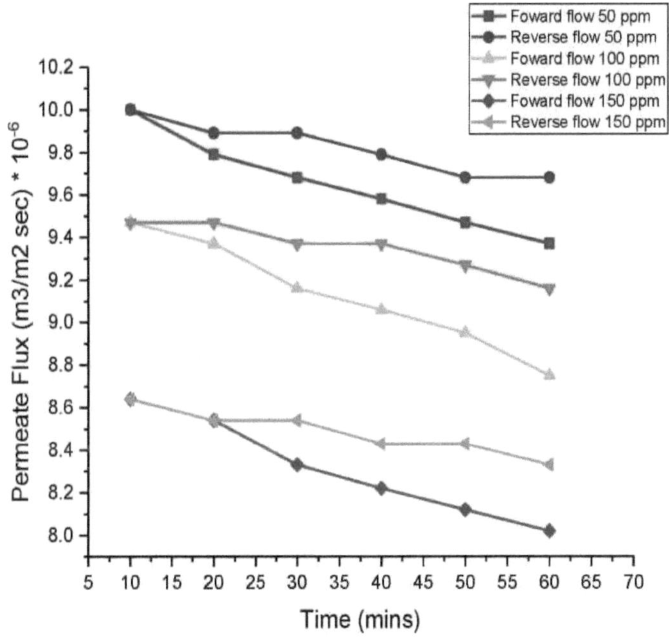

Fig 4.12: Dados do fluxo de permeado da solução aquosa de sulfato de cádmio a $3Kg/cm^2$ pressão com e sem condição de inversão do fluxo a diferentes concentrações (caudal de alimentação 3 LPM)

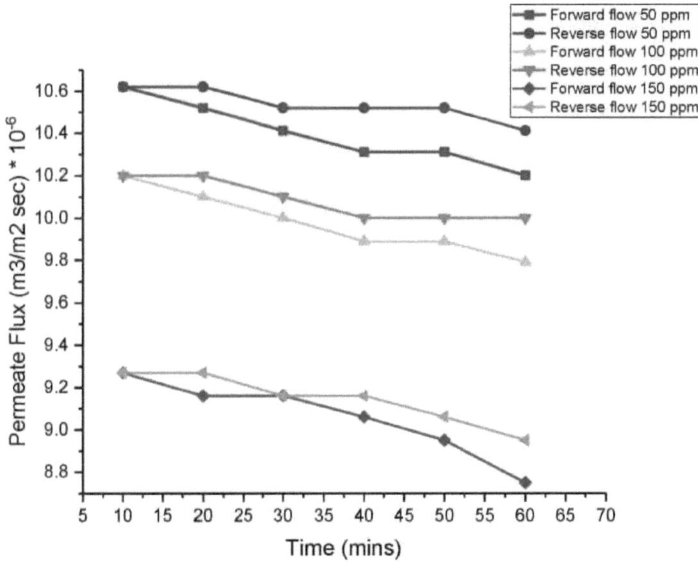

Fig 4.13: Dados do fluxo de permeado da solução aquosa de sulfato de cádmio a 5 Kg/cm^2 pressão

com e sem condição de inversão de fluxo a diferentes concentrações (caudal de alimentação 5 LPM)

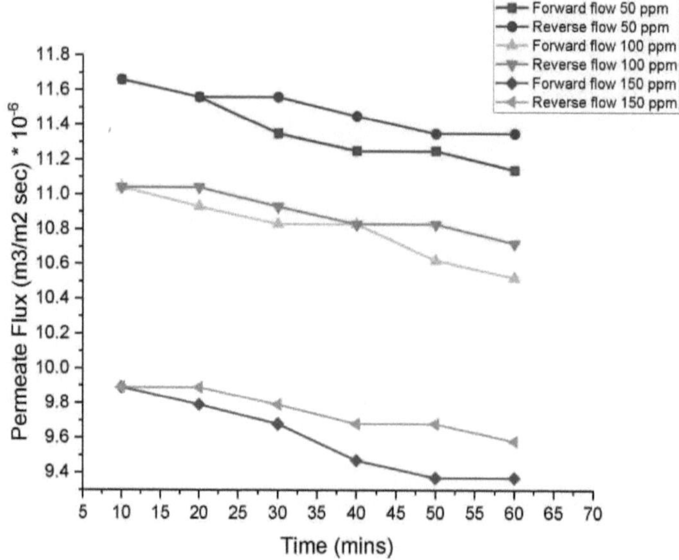

Fig 4.14: Dados do fluxo de permeado da solução aquosa de sulfato de cádmio a 7 Kg/cm^2 pressão com e sem condição de inversão do fluxo a diferentes concentrações (caudal de alimentação 7 LPM)

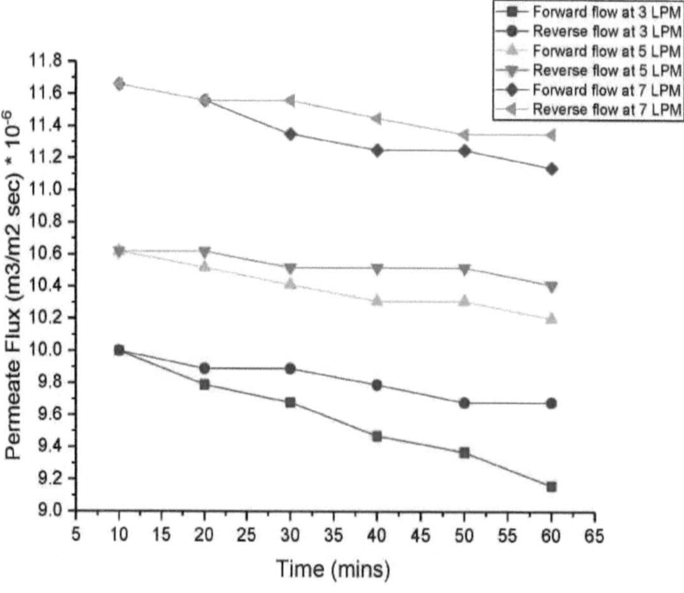

Fig 4.15: Dados do fluxo de permeado da solução aquosa de sulfato de cádmio a 3 Kg/cm^2 pressão

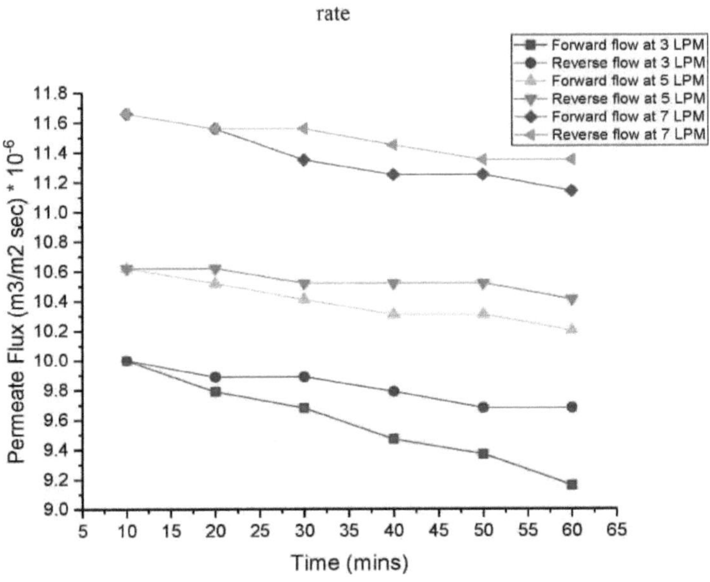

com concentração de 50 ppm com e sem condição de inversão de fluxo em diferentes fluxos de alimentação

Fig 4.16: Dados do fluxo de permeado da solução aquosa de sulfato de cádmio a 3Kg/cm^2 pressão com concentração de 100 ppm com e sem condição de inversão de fluxo a diferentes caudais de alimentação

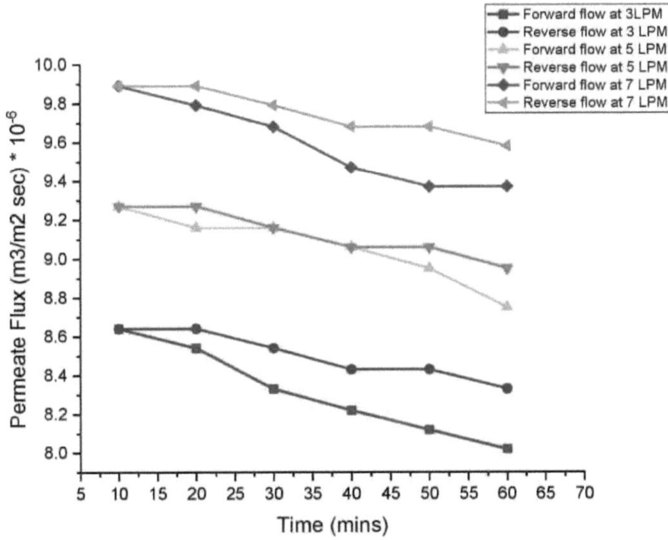

Fig 4.17: Fluxo de permeado da solução aquosa de sulfato de cádmio a 3 Kg/cm^2 pressão com concentração de 150 ppm com e sem condição de inversão de fluxo a diferentes caudais de alimentação

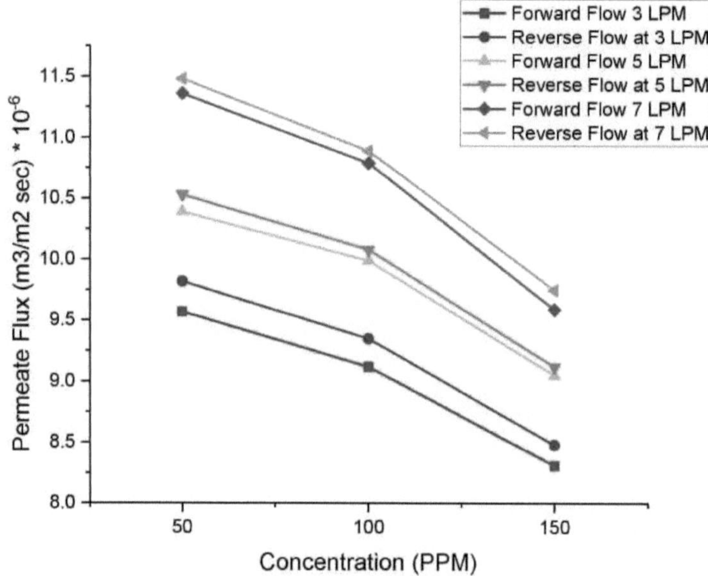

Fig 4.18: Fluxo de permeado da solução aquosa de sulfato de cádmio a 3 Kg/cm^2 pressão e a diferentes caudais de alimentação com e sem condição de inversão do fluxo a diferentes concentrações

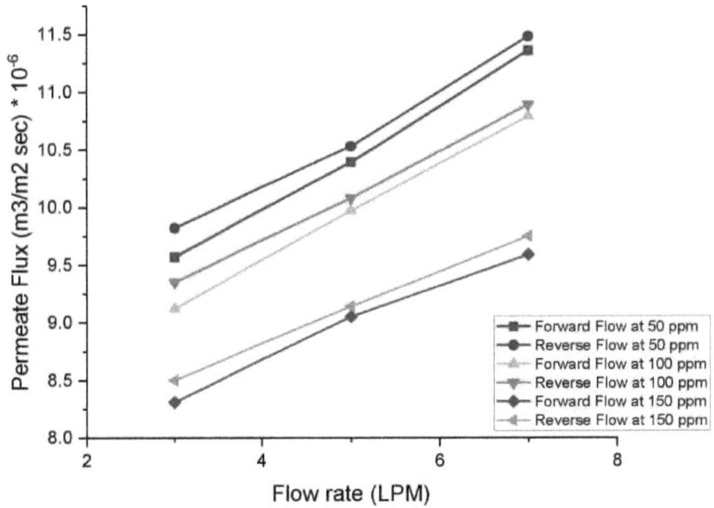

Fig 4.19: Fluxo de permeado da solução aquosa de sulfato de cádmio a 3 Kg/cm^2 pressão e a diferentes concentrações com e sem condição de inversão do fluxo a diferentes caudais de alimentação

4.4 Espectroscopia de infravermelhos com transformada de Fourier

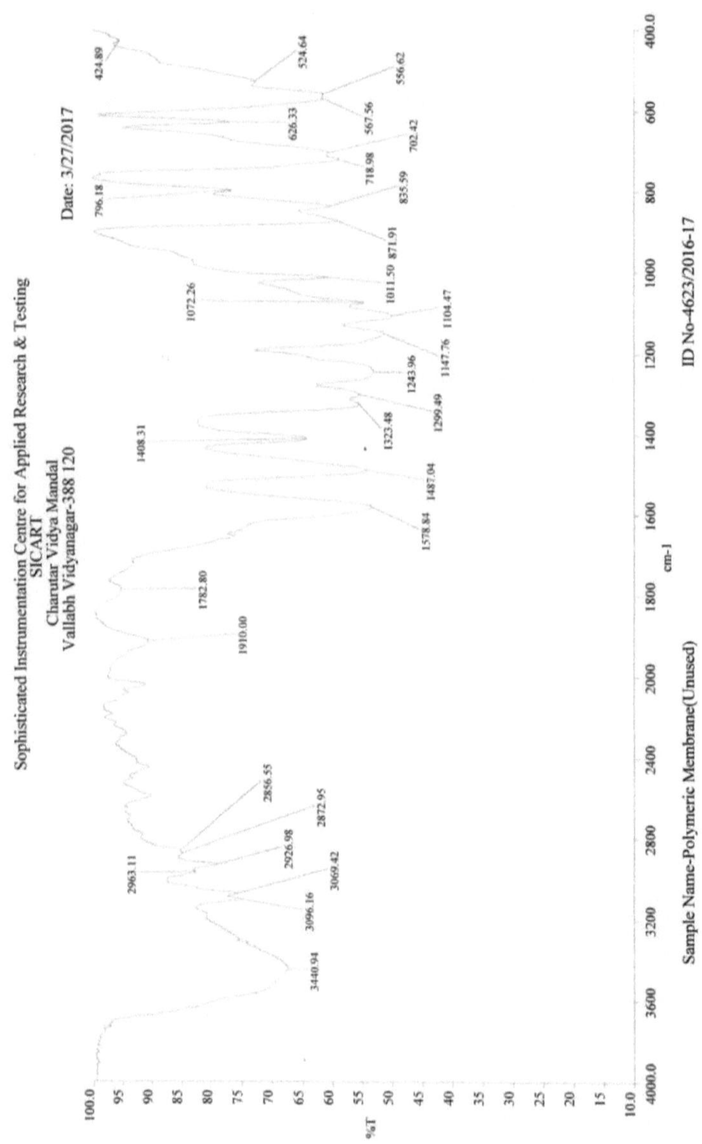

Fig. 4.20: FTIR da membrana HFT-150 não utilizada

58

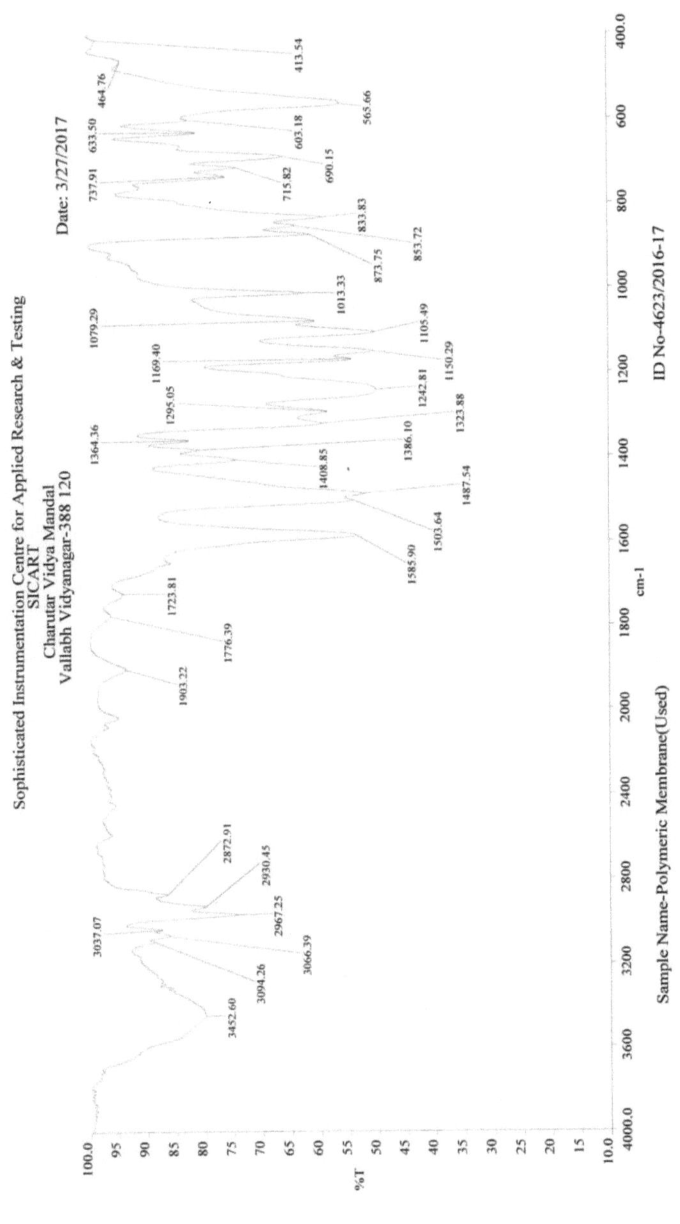

Fig. 4.21: FTIR da membrana HFT-150 utilizada (passagem de 160 soluções de corante amarelo reativo)

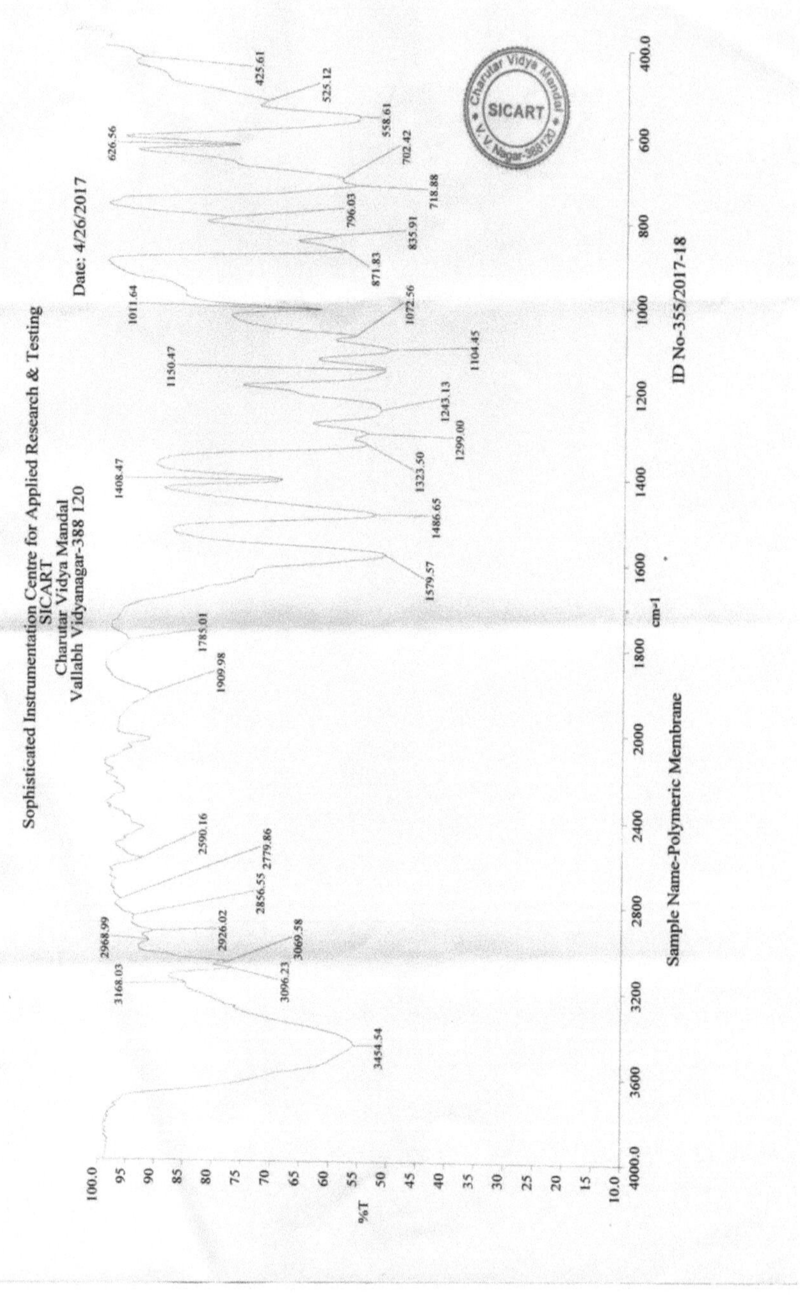

A estrutura da membrana não utilizada é apresentada na fig. 4.20. Para a membrana usada, as

60

alterações na estrutura da membrana devido aos efeitos das águas residuais são mostradas na fig. 4.21.

Tabela 4.5. Resultados FTIR

Número de onda (cm)$^{-1}$	Intensidade	Atribuição
3452.60	S	Vibrações de estiramento N-H, livre primário; duas bandas em Aminas
1585.90	w	Compostos azotados insaturados - vibrações de estiramento N=N-, compostos azóicos Vibrações de flexão N-H secundárias.
1386.10	s	Alcano, gem-dimetil Compostos de halogéneo, vibrações de estiramento C-F
1364.36	s	Alcano, terc-butilo Compostos de halogéneo, vibrações de estiramento C-F
1169.40, 1105.29, 1079.29	s	Compostos de enxofre Vibrações de estiramento C=S
603.18	s	Compostos de halogéneo, vibrações de estiramento C- Cl

s= intensidade forte, m= intensidade média, w = intensidade fraca

A intensidade da luz que passa durante a espetroscopia pode ser fraca, média ou forte, indicando a força das várias ligações presentes. A membrana não utilizada mostra vibrações C-N de compostos aromáticos e vibrações de flexão O-H e de estiramento C-H de álcoois terciários e fenóis. Estes desaparecem na amostra de membrana usada. Isto deve ter sido devido a interacções com as águas residuais. Da mesma forma, as vibrações de estiramento C-F também desaparecem na membrana usada. A presença de estiramento C-H devido ao alcano é observada na amostra de membrana usada, que pode ter aparecido devido a reacções com a água residual EG. As vibrações de estiramento de compostos de halogéneo C-Cl também são observadas na amostra de membrana usada, mas não estavam presentes na amostra não utilizada.

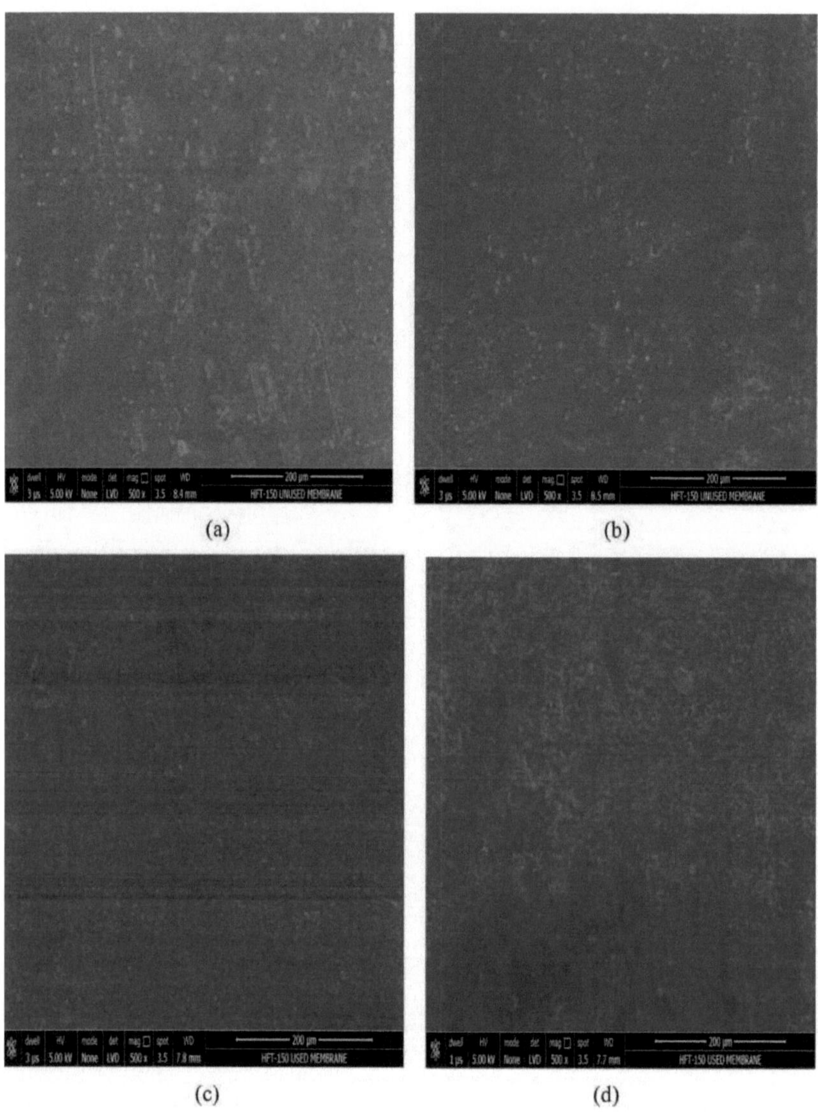

Fig. 4.23: Imagens SEM de (a), (b) - membrana HFT-150 não utilizada e (c), (d) - membrana HFT-150 utilizada (160 Solução de corante amarelo reativo passada)

Existe uma estreita relação entre a membranemorfologia e o desempenho. A Fig. 4.23 (a)-(d) descreve as imagens SEM da vista da camada superior da membrana polimérica HFT-150 não utilizada e utilizada. A Fig. 4.15 (a) e (b) mostram a superfície superior da membrana polimérica NF. Observa-se que a membrana polimérica HFT-250 tinha uma superfície lisa inicialmente antes do início do desempenho, mas à medida que a solução sintética do corante amarelo 160 reativo era passada, a morfologia da superfície da membrana alterava-se. A Fig. 4.15 (c) e (d) mostra a vista superior da membrana usada após o desempenho experimental da solução de corante. Observa-se que o poro da membrana foi parcialmente acumulado com partículas de soluto e a superfície torna-se densa devido à deposição de partículas na superfície.

CAPÍTULO 5

CONCLUSÃO

A polarização da concentração e a incrustação da membrana são os principais desafios para o declínio do fluxo nos principais processos de separação por membranas e, por conseguinte, estão disponíveis várias técnicas de melhoria do fluxo para reduzir a PC durante o funcionamento da NF. Embora a polarização da concentração seja reversível, a incrustação é permanente até certo ponto devido à deposição ou adsorção de solutos na superfície da membrana e ao bloqueio dos poros da membrana. A incrustação pode ser evitada e reduzida, até certo ponto, por vários métodos. No presente trabalho, as resistências oferecidas durante o mecanismo de separação por NF foram calculadas em condições de fluxo para a frente (unidirecional) e de inversão frequente do fluxo (FR) a diferentes pressões transmembranares. As resistências oferecidas incluem resistências irreversíveis (membrana, resistência à adsorção e bloqueio dos poros) e reversíveis (camada de bolo). A resistência à adsorção aumenta gradualmente sem diferenças significativas. O grau de resistência ao bloqueio dos poros também aumenta com a duração do tempo. O conceito de inversão periódica do caudal do fluxo de alimentação no funcionamento do NF de fluxo cruzado para aumentar o fluxo foi também investigado à escala laboratorial. Os resultados sugerem que, através da inversão do caudal, a CP é reduzida em maior medida e, por conseguinte, é possível um aumento significativo do caudal, podendo ser utilizada como um meio eficaz para atenuar os efeitos deletérios da incrustação da membrana e da polarização da concentração. Outro conceito da técnica de pulsação de pressão também foi visto e levado para o trabalho experimental que descreve que, à medida que a pressão aumenta, ocorre o aumento do fluxo permeado. A pulsação num determinado período de tempo de frequência não proporciona um aumento definitivo do fluxo de permeado em comparação com o método de inversão do fluxo. A comparação de ambas as técnicas também foi tida em consideração, mantendo o fluxo de permeado unidirecional como base, e verificou-se que a técnica de inversão do fluxo é pioneira por proporcionar um melhor aumento do fluxo e pode atenuar o problema das incrustações e do PC, enquanto a pulsação da pressão proporciona um fluxo equivalente ao encontrado na base. Ao comparar os resultados de ambas as técnicas, observa-se ironicamente que as técnicas de inversão do fluxo são mais promissoras no aumento do fluxo do que a pulsação de pressão. A técnica de inversão do fluxo está também a ser aplicada para remover o ião cádmio, a fim de verificar o efeito de base. Foram também passadas soluções sintéticas com diferentes concentrações e caudais de alimentação e observou-se que, à medida que a concentração aumenta, o fluxo permeado diminui e que, à medida que o caudal de alimentação aumenta, o fluxo permeado aumenta. É também referido que o aumento do caudal de alimentação e com um sistema de baixa concentração leva a um aumento do fluxo permeado. As possíveis alterações na morfologia da membrana são também estudadas através do teste FTIR. A espetroscopia de infravermelhos com transformada de Fourier é realizada para ambas as membranas utilizadas para o sistema de alimentação do corante amarelo reativo 160 e para verificar qualquer possível alteração na estrutura da membrana. A partir dos resultados, pode dizer-se que não há grandes alterações na estrutura da membrana devido à solução de corante amarelo reativo. O desaparecimento das ligações O-H e C-H é observado na membrana usada, enquanto que as ligações C-H e C-Cl aparecem na membrana usada. Existem ligeiras diferenças noutras ligações. Estas alterações podem ser devidas às reacções da membrana com a solução de corante. A membrana deve ser selecionada de forma a que a sua estrutura não seja muito afetada pela solução a ser tratada. As figuras SEM mostraram a superfície superior da membrana usada e não usada e prevêem a formação de uma ligeira camada densa de compostos de ligação C-H e C-Cl na superfície, levando a algum bloqueio da superfície. Por conseguinte, a partir de todos os resultados experimentais, pode concluir-se que as técnicas de melhoria do fluxo A inversão do fluxo pode aliviar o fluxo permeado.

REFERÊNCIAS

• A. Laorko, Z. Li, S. Tongchitpakdee, W. Youravong, Efeito da aspersão de gás no aumento do fluxo e nas propriedades fitoquímicas do sumo de ananás clarificado por microfiltração, Tecnologia de Separação e Purificação, 80 (2011) 445-451.

• A.L. Ahmad, N.H. Mat Yasin, C.J.C. Derek, J.K. Lim, Limpeza química de uma membrana de microfiltração de fluxo cruzado obstruída por biomassa microalgal, Journal of the Taiwan Institute of Chemical Engineers, 45 (2014) 233-241.

• A. Mirzaie, T. Mohammadi, Efeito das ondas ultra-sónicas no aumento do fluxo na microfiltração do leite, Journal of Food Engineering, 108 (2012) 77-86.

• A. Ostadfar e A. Rawicz, Efeitos do fluxo pulsátil e da retrolavagem na taxa de fluxo de plasma em uma plasmaférese implantável. I. Teoria e princípio, maio de 2015, Biomedical Engineering, 49 (2015) 29-32.

• A.W. Mohammad, Y.H. Teow, W.L. Ang, Y.T. Chung, D.L. Oatley-Radcliffe, N. Hilal, Revisão das membranas de nanofiltração: Avanços recentes e perspetivas futuras, Desalination, 356 (2015) 226-254.

• B.P. Espinasse, S. Chae, C. Marconnet, C. Coulombel, C. Mizutani, M. Djafer, V. Heim, M.R. Wiesner, Comparação de reagentes de limpeza química e caraterização de sujidade de membranas de nanofiltração utilizadas no tratamento de águas superficiais, Desalination, 296 (2012) 1-6.

• C. Cabassud, S. Laborie, J.M. Laine, How slug flow can improve ultrafiltration flux in organic hollow fibres, Journal of Membrane Science, 128 (1997) 93-101.

• G. Ducom, H. Matamoros, C. Cabassud, Air sparging for flux enhancement in nanofiltration membranes: application to O/W stabilised and non-stabilised emulsions, Journal of Membrane Science, 204 (2002) 221-236.

• J. Paul Chen, S.L. Kim, Y.P. Ting, Otimização da limpeza física e química da membrana através de uma abordagem estatisticamente concebida, Journal of Membrane Science, 219 (2003) 27-45.

• K. Nath, "Membrane separation process", PHI learning pvt ltd, new delhi, 8 (2011) 89-98.

• K.R. Goode, K. Asteriadou, P.T. Robbins, P.J. Fryer, Fouling and Cleaning Studies in the Food and Beverage Industry Classified by Cleaning Type, Comprehensive Reviews in Food Science and Food Safety, 12 (2013) 121-143.

• M. Hemmati , F. Rekabdar , A. Gheshlaghi , A. Salahi, T. Mohammadi, Efeitos da aspersão de ar, velocidade do fluxo cruzado e pressão no aumento do fluxo de permeação no tratamento de águas residuais oleosas industriais usando microfiltração, Dessalinização e Tratamento de Água, 39 (2012) 33-40.

• M.H. Shahraki, A. Maskooki, A.Faezian, Efeito de vários modos de sonicação no fluxo de permeação na membrana de ultrafiltração de fluxo cruzado, Journal of Environmental Chemical Engineering, 2 (2014) 2289-2294.

• M.Y. Jaffrin, Técnicas hidrodinâmicas para melhorar a filtragem de membranas, Mecânica dos fluidos, 44 (2012) 77-96.

• N. Hilal, O.O. Ogunbiyi, N.J. Miles, R. Nigmatullin, Methods Employed for Control of Fouling in MF and UF Membranes: A Comprehensive Review, Separation Science and Technology, 40 (2005) 1957-2005.

• N. Javadi, F.Z. Ashtiani, A. Fouladitajar, A.M. Zenooz, Estudos experimentais e análise estatística do comportamento e desempenho da incrustação de membranas na microfiltração de microalgas por um processo assistido por aspersão de gás, Bioresource Technology, 162 (2014) 350-357.

• N. Porcelli, S. Judd, Limpeza química de membranas de água potável: A review, Separation and Purification Technology, 71 (2010) 137-143.

• N. Yin, Z. Zhong, W. Xing, Entupimento e limpeza de membranas cerâmicas na ultrafiltração de águas residuais de dessulfuração, Dessalinização, 319 (2013) 92-98.

• R. Bhave, T. Kuritz, L. Powell, D. Adcock, Membrane-Based Energy Efficient Dewatering of Microalgae in Biofuels Production and Recovery of Value Added Co-Products, Environmental Science & Technology, 46 (2012) 5599-5606.

• R. Sondhi, Y.S. Lin, F. Alvarez, Crossflow filtration of chromium hydroxide suspension by ceramic membranes: fouling and its minimization by backpulsing, Journal of Membrane Science, 174 (2000) 111-122.

• S.H.D. Silalahi, T. Leiknes, High frequency back-pulsing for fouling development control in ceramic microfiltration for treatment of produced water, Desalination and Water Treatment, 28 (2011) 137-152.

• S. Ilias, Flux Enhancement in Crossflow Membrane Filtration: Fouling and It's Minimization by Flow Reversal. Relatório final, 38 (2005).

• T.M. Patel, K. Nath, Alívio do declínio do fluxo na nanofiltração de fluxo cruzado de corante de dois componentes e mistura de sal por irradiação ultra-sônica de baixa freqüência, Dessalinização, 317 (2013) 132-141.

• V. Naddeo, V. Belgiorno, L. Borea, M.F.N. Secondes, F.B. Jr, Controle da formação de incrustações na ultrafiltração com membranas por irradiação de ultrassom, Tecnologia Ambiental, 36 2015 1299-1307.

• W. Zhang, J. Luo, L. Ding, M.Y. Jaffrin, Uma revisão das estratégias de controlo do declínio do fluxo em processos de membrana acionados por pressão, Industrial & Engineering Chemistry Research, 54 (11) (2015) 2843-2861.

• X. Li, J. Yu, A.G. Agwu Nnanna, mitigação de incrustações para membrana UF de fibra oca por sonicação, Dessalinização, 281 (2011) 23-29.

• X. Shi, G. Tal, N.P. Hankins, V. Gitis, Incrustação e limpeza de membranas de ultrafiltração: Uma revisão, Journal of Water Process Engineering, 1 (2014) 121-138.

• Y. Tao, D. Sun, Melhoria dos processos alimentares por ultrassom: Uma revisão, Revisões críticas em ciência alimentar e nutrição, 55 (2015) 570-594.

• Z. Wang, F. Meng, X. He, Z. Zhou, L. Huang, S. Liang, Otimização e desempenho da limpeza de manutenção assistida por NaClO para controlo de incrustações em biorreactores de membrana, investigação sobre a água, 53 (2014) 1-11.

ANEXO - UMA PUBLICAÇÃO EM PAPEL

<u>Publicado</u>

Jigesh P. Mehta e Tejal M. Patel, "Determination of Various Resistances in Cross-Flow Nanofiltration" (Determinação de várias resistências na nanofiltração de fluxo cruzado). Publicado no livro intitulado "Advances in Separation and Purification" no "2nd National Symposium on Separation and Purification Science & Technology", organizado pelo Department Of Chemical Engineering, G H Patel College of Engineering & Technology (GCET), Vallabh Vidyanagar, Anand, Gujarat em 23-24th setembro de 2016.

NSST-2016

G H Patel College of Engineering & Technology

(A Charutar Vidya Mandal Institute)
Vallabh Vidyanagar - 388 120 (Gujarat)

निर्मिति विश्वसुखाय

कर्मण्येवाधिकारस्ते

Certificate

This is to certify that

Mr./Ms./Dr. **JIGESH P. MEHTA**

*has actively participated/presented paper/
presented poster in the*

Second National Symposium on Advances in Separation and
Purification Science & Technology

Organized by the Department of Chemical Engineering,
(Accredited by the National Board of Accreditation)
during 23 - 24 September - 2016.

In association with

Dr. Himanshu B Soni
Principal & Honorary Chairperson
NSST 2016

Dr. Kaushik Nath
Head, Chemical Engineering
Organizing Chair NSST 2016

APÊNDICE - C FICHA DE REVISÃO DA DISSERTAÇÃO

GUJARAT TECHNOLOGICAL UNIVERSITY

(Established Under Gujarat Act No.: 20 of 2007)

ગુજરાત ટેકનોલોજીકલ યુનિવર્સિટી

Master of Engineering

(Dissertation Review Card)

Name of Student : MEHTA JIGESH PANKAJ

Enrollment No. : 1 5 0 1 1 0 7 3 0 0 0 1

Student's Mail ID:- jigeshhhhhmehta@gmail.com

Student's Contact No. : 8460436750

College Name : GH PATEL COLLEGE OF ENGG. & TECH.

College Code : 0 1 1

Branch Code : 3 0   Branch Name : CHEMICAL ENGINEERING

Theme of Title : CHEMICAL

Title of Thesis : STUDY ON VARIOUS FLUX ENHANCEMENT TECHNIQUES IN CROSS FLOW MEMBRANE SEPARATION PROCESSES

Supervisor's Detail	*Co-supervisor's Detail*
Name : Dr. TEJAL M. PATEL	Name : Dr. KAUSHIK NATH
Institute : GH PATEL COLLEGE OF ENGG. & TECH.	Institute : GH PATEL COLLEGE OF ENGG. & TECH.
Institute Code : 011	Institute Code : 011
Mail Id : tejalpatel@gcet.ac.in	Mail Id : kaushiknath@gcet.ac.in
Mobile No. : 9824497318	Mobile No. : 9879139675

~1~

❖ <u>**Comments For Internal Review (2730002)**</u> (Semester 3)

Exam Date : 01/12/2016

Sr. No.	Comments given by Internal review panel (Please write specific comments)	Modification done based on Comments
1.	Background of work should be specified along with advantages and disadvantages of Membrane separation processes.	Background is specified & adv. & dis. of MsP included.
2.	The citation of the references should be uniform.	References has been corrected.
		(Guide Sign.)

Particulars	Internal Review Panel	
	Expert 1	Expert 2
Name :	Dr. MATHURKUMAR S. BHAKHAR	Dr. ANAND METRE
Institute :	GCET	GCET
Institute Code :	011	011
Mobile No. :	9099063011	9824488458
Sign :		

Particulars	Internal Guide Details	
	Expert 1	Expert 2
Name :		
Institute :		
Institute Code :		
Mobile No. :		
Sign :		

Enrollment No. of Student: | 1 | 5 | 0 | 1 | 1 | 0 | 7 | 3 | 0 | 0 | 1 |

❖ **Comments of Dissertation Phase-1 (2730003)**   (Semester 3)

Exam Date: 01/12/2016

Hall No: 03

Title: STUDY ON VARIOUS FLUX ENHANCEMENT TECHNIQUES IN CROSS FLOW MEMBRANE SEPARATION PROCESSES

1. Appropriateness of title with proposal. (Yes/ No) _____ ✓

2. Whether the selected theme is appropriate according to the title ? (Yes / No) _____ ✓

3. Justify rational of proposed research. (Yes/ No) _____ ✓

4. Clarity of objectives. (Yes/ No) _____ ✓

~ 3 ~

Enrollment No. of Student : | 1 | 5 | 0 | 1 | 1 | 0 | 7 | 3 | 0 | 0 | 1 |

Hall No. : 03

Exam Date : 01 / 12 / 2016

Sr. No.	Comments given by External Examiners (DP-I) : (Please write specific comments)	Modification done based on Comments
1)	Good clarity of thoughts	Pilot plant modification done based on suggest- ions given by the external Examiners to improve flux in NF.
2)	Suggestions have been given for flux enhancements.	
3)	Presentation skill & overall presentation : Satisfactory	

(Internal Guide Sign.)

- Approved ✓
- Approved with suggested recommended changes ☐
- Not Approved ☐

} Please tick on any on. If approved/approved with suggession then put marks ≥ 50 %.

> **Details of External Examiners :**

Particulars	Full Name	University / College Name & Code	Mobile No.	Sign.
Expert 1	Dr. Sachin Parmar	LDCE/GTU.	9925611525	
Expert 2	Shuchen B Porbvar	LDCE / GTU	9879883536	SBVar

❖ **Comments of Mid Sem Review (2740001)** (Semester 4)

Exam Date : 30/03/2017

Hall No : 15

Sr. No.	**Comments given by External Examiners :** i) The appropriateness of the major highlights of work done; State here itself if work can be approved with some additional changes. ii) Main reasons for approving the work. iii) Main reasons if work is not approved.	**Modification done based on Comments**
	① Output of the research work is still very limited. ② The different Experiments need to be carry out with changing diff. parameters like, ① Membrane ② Feed solution ③ Flow arrangements. ③ Mathematical model is expected.	Within a limited time period student tried to accommodate all the suggestion given by external examiner. **Internal Guide Sign.**

- Approved ☐
- Approved with suggested recommended changes ☑
- Not Approved ☐

Please tick on any on. If approved/approved with suggession then put marks ≥ 50 %.

➢ **Details of External Examiners :**

Particulars	Full Name	University / College Name & Code	Mobile No.	Sign.
Expert 1	Dr. Dipa Das	IGIT Sarang	8895680655	
Expert 2	Dr. Sachin Parit	LDCE	99286	

APÊNDICE - D RELATÓRIO DE CONFORMIDADE

	Comentários dos examinadores externos	Medidas tomadas com base nas observações
Fase I da dissertação	[1] Boa Clareza de ideias 2] Foram dadas sugestões para melhorar o fluxo 3] Capacidade de apresentação e apresentação geral: satisfatória	[2]Feito A modificação da instalação piloto foi efectuada com base nas sugestões dadas pelos examinadores externos para melhorar o fluxo na NF.
Revisão Semestral	[1] Os resultados dos trabalhos de investigação são ainda muito limitados [2] As experiências devem ser efectuadas com a alteração de parâmetros como a membrana, a solução de alimentação e a disposição do fluxo [3] Espera-se que o modelo matemático	[1] Feito (solução de alimentação diferente adoptada) [2] Feito (alteram-se os caudais, as diferentes concentrações e a solução de alimentação para verificar os resultados) [3] Feito (modelo de resistência em série aplicado)

APÊNDICE - E RELATÓRIO DE PLÁGIO

Digital Receipt

This receipt acknowledges that Turnitin received your paper. Below you will find the receipt information regarding your submission.

The first page of your submissions is displayed below.

Submission author: GCET 011

Assignment title: Final Report_422

Submission title: STUDY ON VARIOUS FLUX ENHAN..

File name: plazz.docx

File size: 3.61M

Page count: 33

Word count: 5,981

Character count: 34,708

Submission date: 27-Apr-2017 12:34PM

Submission ID: 805729848

STUDY ON VARIOUS FLUX ENHANCEMENT TECHNIQUES IN CROSS FLOW MEMBRANE SEPARATION PROCESSES

Guide:-
Dr. Tejal M. Patel

5   shankargargh.org
Internet Source   %1

6   Z.V.P. Murthy. "Evaluation and
    characterisation of TFC-PA Nanofiltration   %1
    membrane for the rejection of cadmium from
    aqueous solutions", International Journal of
    Environmental Engineering, 2010
    Publication

Dr. Tejal M. Patel
Guide

Buy your books fast and straightforward online - at one of world's fastest growing online book stores! Environmentally sound due to Print-on-Demand technologies.

Buy your books online at
www.morebooks.shop

Compre os seus livros mais rápido e diretamente na internet, em uma das livrarias on-line com o maior crescimento no mundo! Produção que protege o meio ambiente através das tecnologias de impressão sob demanda.

Compre os seus livros on-line em
www.morebooks.shop

Printed by Books on Demand GmbH, Norderstedt / Germany